图1　紫皮洋葱

图2　黄皮与紫皮洋葱

图3　白皮洋葱

图4　红皮洋葱

图5　黑皮洋葱

图6　黄皮洋葱1

图 7　黄皮洋葱 2

图 8　黄皮洋葱 3

二、洋葱病害

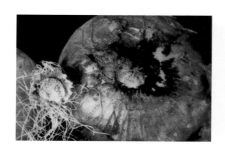

图 1　干腐病病茎

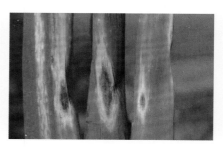

图 2　黑斑病

图 3　黑粉病

图 4　黄萎病毒病

图 5　枯萎病鳞茎腐烂

图 6　枯萎病生长初期

图 8　霜霉病 2

图 7　霜霉病 1

图 9　炭疽病

图 10　洋葱白腐病

图 11　洋葱白疫病

图 12　洋葱猝倒病

图 13　洋葱腐烂病叶部病斑

图 14　洋葱黑斑病病株

图 15　洋葱黑斑病叶部症状

图 16　洋葱黑粉病

图 17　洋葱黑曲霉病

图 18　洋葱红根腐病

图 19　洋葱黄矮病

图 20　洋葱灰腐病生长初期

图 21　洋葱灰腐病生长后期

图 22　洋葱灰霉病鳞茎受害

图 23　洋葱菌核病 1

图 24　洋葱菌核病 2

图 25 洋葱软腐病 1

图 26 洋葱软腐病 2

图 27 洋葱霜霉病

图 28 洋葱炭疽病

图 29 洋葱锈病

图 30 洋葱叶枯病病叶

图 31　洋葱叶枯病病株

图 32　洋葱疫病 1

图 33　洋葱紫斑病

图 34　洋葱疫病 2

三、洋葱种植

图 1　采收前

图 2　采收前的洋葱

图 3　大田洋葱

图 4　堆放

图 5　规模化种植

图 6　晾晒

图 7　鳞茎生长期

图 8　露地高畦栽培

图 9　露地洋葱栽培

图 10　设施洋葱栽培

图 11　收获 1

图 12　收获 2

图 13　田间生长后期

图 14　田间出苗

图 15　田间生长

图 16　洋葱保护地育苗

图 17　洋葱地膜覆盖栽培

图 18　洋葱繁种

图 19　洋葱规模化种植

图 20　洋葱间作

图 21　洋葱连片种植

图 22　田间洋葱鳞茎成熟期

图 23 洋葱露地栽培

图 24 洋葱收获

图 25 洋葱叶片

图 26 洋葱中后期

图 27 运输

·科学种菜致富问答丛书·

洋葱 高产栽培 关键技术问答

YANGCONG
GAOCHAN ZAIPEI
GUANJIAN JISHU WENDA

张彦萍　刘海河　主编

化学工业出版社

·北京·

内 容 简 介

本书以问答的形式，较系统地解答了当前洋葱高产高效栽培存在的主要问题，内容包括洋葱生产概况、栽培基础知识、类型及栽培品种、栽培茬口安排与栽培模式、育苗技术、优质高产栽培技术、产品质量标准与认证、主要病虫害诊断及防治等。本书由河北农业大学和河北省蔬菜产业体系（HBCT2018030202）专家编写，全书语言简练，通俗易懂，内容丰富，技术先进实用，可操作性强，是洋葱生产的实用性手册，适于农村基层技术人员、蔬菜园区（企业）工作人员、家庭农场工作人员、种植大户及农业院校师生阅读参考，也可作为新型农民职业技能培训教材。

图书在版编目（CIP）数据

洋葱高产栽培关键技术问答/张彦萍，刘海河主编.
—北京：化学工业出版社，2022.6
（科学种菜致富问答丛书）
ISBN 978-7-122-41090-0

Ⅰ.①洋…　Ⅱ.①张…②刘…　Ⅲ.①洋葱-蔬菜园艺-问题解答　Ⅳ.①S633.2-44

中国版本图书馆 CIP 数据核字（2022）第 052146 号

责任编辑：邵桂林　　　　　　　　文字编辑：陈小滔　李娇娇
责任校对：宋　夏　　　　　　　　装帧设计：韩　飞

出版发行：化学工业出版社（北京市东城区青年湖南街 13 号　邮政编码 100011）
印　　装：大厂聚鑫印刷有限责任公司
850mm×1168mm　1/32　印张 7¾　彩插 6　字数 139 千字
2022 年 7 月北京第 1 版第 1 次印刷

购书咨询：010-64518888　　　　　售后服务：010-64518899
网　　址：http://www.cip.com.cn

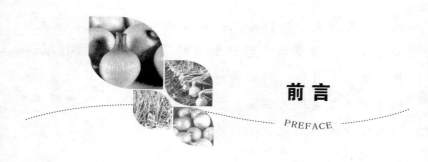

前言

PREFACE

　　蔬菜是人们日常生活中不可缺少的佐餐食品，是人体重要的营养来源。蔬菜产业是种植业中最具竞争优势的主导产业，已成为种植业的第二大产业，仅次于粮食产业。有些省份如山东省，蔬菜产业占种植业的第一位，是农民脱贫致富的重要支柱产业，在保障市场供应、增加农民收入等方面发挥了重要作用。

　　近年来，中国蔬菜产业迅速发展的同时，仍存在价格波动较大、生产技术不先进及产品附加值偏低等造成菜农收益不稳定的问题。我们在总结多年来一线工作的经验以及当地和全国其他地区主要蔬菜在栽培管理、栽培模式、病虫害防治等方面新技术的基础上，编写了《科学种菜致富问答丛书》。希望能帮助广大种植户了解蔬菜绿色高效生产的新品种、新技术、新材料、新模式，使主要蔬菜的科技含量不断提高。

　　本书是《科学种菜致富问答丛书》中的一个分册。比较详细地介绍了洋葱的生产概况、栽培基础知识、主要优良品种、茬口安排与栽培模式、优质高产栽培技术、主要病虫害诊断及防治、洋葱质量标准、良种繁育与育苗、贮藏保鲜与加工等内容。我们希望通过本书帮助广大专业户和专业技术人员进一步提高洋葱安全优质高效栽培技术水平、普及推广洋葱生产新技术，解决一些生产上的实际问题。

本书由河北农业大学、河北省蔬菜产业体系（HB2018030201）和生产一线多位教授、专家编写而成。在此表示诚挚的谢意。

本书注重理论和实践相结合，具有较高的实用性和操作性。同时书中附有彩图，可帮助读者比较直观地理解书中的内容。

由于编者水平所限，书中难免出现疏漏之处，谨请广大读者不吝批评指正。

编者
2022 年 5 月

目 录

CONTENTS

第三章　洋葱主要优良品种

第四章　洋葱四季栽培茬口安排与栽培模式

第五章　洋葱育苗技术

第六章　洋葱优质高产栽培技术

第七章　洋葱生理性病害及其防治

第八章　洋葱主要病虫害的诊断与防治

第九章　洋葱产品的质量标准

第十章　洋葱种子生产技术

第十一章　洋葱贮藏保鲜与加工技术

附录　无公害食品　洋葱生产技术规程
NY/T 5224—2004

参考文献

第一章

洋葱生产概述

1 **何为农业标准化？洋葱标准化生产的内容是什么？**

农业标准化是指以农业为对象的标准化活动。具体来说，是指为了有关各方面的利益，对农业经济、技术、科学、管理活动中需要统一、协调的各类对象，制定并实施标准，使之实现必要而合理的统一的活动。其目的是将农业的科技成果和多年的生产实践相结合，制定成文字简明、通俗易懂、逻辑严谨、便于操作的技术标准和管理标准向农民推广，最终生产出质优、量多的农产品供应市场，不但能使农民增收，同时还能很好地保护生态环境。其内涵就是指农业生产经营活动要以市场为导向，建立健全规范化的工艺流程和衡量标准。

洋葱标准化生产，是指在洋葱生产过程中的产地环境、生产过程和产品质量符合国家或行业的相关标准，产品经质量监督检验机构检测合格，通过有关部门的认证过程。在洋葱标准化生产过程中，从产地选择、栽培品种的确定、育苗定植、栽培管理、产品采收和质量检测，一直到产品的包装、贮藏、加工和运输的全过程都必须按照特定的技术标准，生产出优质的绿色无公害的产品。

② 为什么洋葱要进行标准化生产？

现今的世界农业发达国家的现代农业建设过程中，从一开始就非常重视农业标准化，始终把农业标准化作为现代农业建设的基本内容和基本措施。以美国为例，其 1900 年即开始了种子认证，这不仅加快了良种的推广应用，极大地提高了农产品的产量和品质，也有力地促进了种子产业化的发展。目前，农业发达国家的农业标准化程度已很高，从产前的生产资料供应到产中的每个生产环节、技术服务，产后的农产品分级、加工、包装、贮运等各环节，都制定有系列标准，并严格执行，从而有力地促进了农业的快速发展。

而我国的农产品供给在 20 世纪 80 年代中期以前一直难以满足国内人民群众的需求，经过几十年的努力还是和发达国家存在很大的差距，况且我国幅员辽阔，人口众多，洋葱生产没有一个统一的标准，难以统一管理，不利于生产发展，因此，我们必须进行标准化生产。

我国无公害洋葱生产应符合哪些标准?

(1) 无公害洋葱生产产地环境质量标准 无公害洋葱的生产首先受地域环境质量的制约,即只有在生态环境良好的农业生产区域内才能生产出优质、安全的无公害洋葱。因此,无公害洋葱产地环境质量标准对产地的空气、农田灌溉水质和土壤等的各项指标以及浓度限值做出规定,一是强调无公害洋葱必须产自良好的生态环境地域,以保证无公害洋葱最终产品的无污染、安全性,二是促进对无公害洋葱产地环境的保护和改善。

(2) 无公害洋葱生产技术标准 无公害洋葱生产过程的控制是无公害洋葱质量控制的关键环节,无公害洋葱生产技术操作规程是按洋葱品种和不同农业区域的生产特性分别制定的,用于指导无公害洋葱生产活动,规范无公害洋葱生产,包括洋葱的种植、管理和加工等技术操作规程。

(3) 无公害洋葱生产产品标准 无公害洋葱产品标准是衡量无公害洋葱终产品质量的指标尺度。它虽然跟普通农产品的国家标准一样,规定了农产品的外观品质和卫生品质等内容,但其卫生指标不高于国家标准,重点突出了安全指标,安全指标的制定与当前生产实际紧密结合。无公害洋葱产品标准反映了无公害洋葱生产、管理和控制的水平,突出了无公害洋葱无污染、食用安全的特性。

绿色洋葱标准化生产应符合哪些标准？

（1）绿色洋葱标准生产产地环境质量标准 无公害洋葱不同品种制定了不同的环境标准，而这些环境标准之间没有或有很小的差异，其指标主要参考了绿色洋葱标准生产产地环境质量标准。而绿色洋葱标准生产是制定一个通用的环境标准，可操作性更强。

（2）绿色洋葱标准生产技术标准 绿色洋葱标准生产技术标准包括了绿色洋葱生产资料使用准则和绿色洋葱生产技术规程两部分，这是绿色洋葱生产的核心标准，绿色洋葱认证和管理重点坚持绿色洋葱生产技术标准到位，也只有绿色洋葱生产技术标准到位才能真正保证绿色洋葱的品质。

（3）绿色洋葱标准生产产品标准 生产地的环境质量符合 NY/T 391—2021《绿色食品　产地环境质量》，生产过程中严格按绿色洋葱标准生产资料使用准则和生产操作规程要求，限量使用限定的化学合成生产资料，并积极采用生物学技术和物理方法，保证产品质量符合绿色洋葱产品标准要求。

⑤ 有机洋葱标准化生产应符合哪些标准？

（1）产地环境 要求有机洋葱生产需要在适宜的环境条件下进行。有机洋葱生产基地应远离城区、工矿区、交通主干线、工业污染源、生活垃圾场等。

（2）缓冲带和栖息地　如果产地的有机洋葱生产区域有可能受到邻近的常规生产区域污染的影响，则应当在有机和常规生产区域之间设置缓冲带或物理障碍物，保证有机洋葱生产地块不受污染，以防止临近常规地块的禁用物质的飘移。在有机洋葱生产区域周边设置天敌的栖息地，提供天敌活动、产卵和寄居的场所，提高生物多样性和自然控制能力。

（3）转换期　转换期的开始时间从提交认证申请之日算起。洋葱的转换期一般不少于 24 个月。新开荒的、长期撂荒的、长期按传统农业方式耕种的或有充分证据证明多年未使用禁用物质的农田，也应经过至少 12 个月的转换期。转换期内必须完全按照有机农业的要求进行管理。

（4）转基因　禁止在有机洋葱生产体系或有机洋葱产品中引入或使用转基因生物及其衍生物，包括洋葱种子、肥料、土壤改良物质、植物保护产品等农业投入物质。存在平行生产的产地，常规生产部分也不得引入或使用转基因生物。

6. 如何申请无公害洋葱的认证证书？

申请无公害洋葱认证证书需要经过以下步骤：

① 申请人向本行政区域及系统内地（市）及农垦、森工、监狱局绿办提交书面申请，并填写《无公害食品标志使用申请书》及《企业及生产情况调查表》并提交其他材料（一式两份）。

② 地（市）及农垦、森工、监狱局绿办对申报材料进行初审并进行前期考察，初审合格的将综合考察报告及有关材料报省绿色食品发展中心。

③ 省绿色食品发展中心接到委托单位申报材料后，在一个月内对申请企业及其产品原料产地环境、区域范围、生产规模、质量控制措施、生产计划、标准和规范的执行情况进行现场检查。

④ 省绿色食品发展中心对考察合格者，委托指定的环境监测机构对企业生产环境及其产品原料产地环境进行监测与评价并出具农业环境质量监测及现状评价报告。

⑤ 省绿色食品发展中心结合委托单位的考察报告、环境监测结果及评价报告，进行审核，审核合格的，委托指定的食品检测机构对产品进行抽样检测并出具产品质量检测报告。

⑥ 省绿色食品发展中心对产品检测合格者终审批准，并与申请人签订协议，向申请人颁发无公害食品证书和牌匾，允许使用无公害食品标志，并向社会公告。

7. **如何申请绿色洋葱的标准认证？**

申请绿色洋葱产品认证证书需要经过以下步骤：

（1）递交材料 申请人向中国绿色食品发展中心（以下简称中心）及其所在省（自治区、直辖市）绿色食品办公室、绿色食品发展中心递交《绿色食品标志使用申请书》《企业及生产情况调查表》及有关资料。

（2）**受理及文审** 省绿办收到上述申请材料后，进行登记、编号，5个工作日内完成对申请认证材料的审查工作，并向申请人发出《文审意见通知单》，同时抄送中心认证处。申请认证材料合格的，执行第3条。

（3）**现场检查、产品抽样** 省绿办应在《文审意见通知单》中明确现场检查计划，并在计划得到申请人确认后委派2名或2名以上检查员进行现场检查。检查员根据《绿色食品检查员工作手册》（试行）和《绿色食品产地环境质量现状调查技术规范》（试行）中规定的有关项目进行逐项检查。现场检查合格，可以安排产品抽样。凡申请人提供了近一年内绿色食品定点产品监测机构出具的产品质量检测报告，并经检查员确认，符合绿色食品产品检测项目和质量要求的，免产品抽样检测。

（4）**环境监测** 绿色食品产地环境质量现状调查由检查员在现场检查时同步完成。

（5）**产品检测** 绿色食品定点产品监测机构自收到样品、产品执行标准、《绿色食品产品抽样单》、检测费后，20个工作日内完成检测工作，出具产品检测报告，连同填写的《绿色食品产品检测情况表》，报送中心认证处，同时抄送省绿办。

（6）**认证审核** 中心认证处收到省绿办报送材料、环境监测报告、产品检测报告及申请人直接寄送的《申请绿色食品认证基本情况调查表》后，进行登记、编号，在确认收到最后一份材料后 2 个工作日内下发受理通知书，书面通知申请人，并抄送省绿办。中心认证处组织审查人员及有关专家对上述材料进行审核，20 个工作日内做出审核结论。

（7）认证评审 绿色食品评审委员会自收到认证材料、认证处审核意见后 10 个工作日内进行全面评审，并做出认证终审结论。

（8）颁证 中心在 5 个工作日内将办证的有关文件寄送"认证合格"申请人，并抄送省绿办。申请人在 60 个工作日内与中心签订《绿色食品标志商标使用许可合同》，由中心主任签发证书。

8. **如何申请有机洋葱的标准认证？**

申请有机洋葱产品认证证书需要经过以下步骤：

（1）申请认证 认证委托人应具备以下条件：①取得国家工商行政管理部门或有关机构注册登记的法人资格；②已取得相关法规规定的行政许可（适用时）；③生产加工的产品符合中华人民共和国相关法律、法规、安全卫生标准和有关规范的要求；④建立和实施了文件化的有机产品管理体系，并有效运行 3 个月以上；⑤申请认证的产品种类应在国家认监委公布的《有机产品认证目录》内。

（2）提交资料 认证委托人应至少提交以下文件和资料：①认证委托人的合法经营资质文件复印件；

②认证委托人及其有机生产、加工、经营的基本情况；③产地（基地）区域范围描述；④有机产品生产、加工规划，包括对生产、加工环境适宜性的评价，对生产方式、加工工艺和流程的说明及证明材料，农药、肥料等投入物质的管理制度以及质量保证、标识与追溯体系建立、有机生产加工风险控制措施等；⑤承诺守法诚信，接受行政监管部门及认证机构监督和检查，保证提供材料真实、执行有机产品标准、技术规范的声明；⑥有机生产、加工的管理体系文件；⑦有机转换计划（适用时）等相关材料。

(3) 认证受理 认证机构应至少公开以下信息：①认证资质范围及有效期；②认证程序和认证要求；③认证依据；④认证收费标准；⑤认证机构和认证委托人的权利与义务；⑥认证机构处理申诉、投诉和争议的程序；⑦批准、注销、变更、暂停、恢复和撤销认证证书的规定与程序；⑧获证组织使用中国有机产品认证标志、认证证书和认证机构标识或名称的要求；⑨获证组织正确宣传的要求。

(4) 申请评审 对符合要求的认证委托人，认证机构应根据有机产品认证依据、程序等要求，在10个工作日内对提交的申请文件和资料进行评审并保存评审记录。

(5) 现场检查 根据所申请产品的对应的认证范围，认证机构应委派具有相应资质和能力的检查员组成检查组。每个检查组应至少有一名相应认证范围注册资质的专业检查员。对同一认证委托人的同一生产单元不能连续 3 年以上（含 3 年）委派同一检查员实施检查。

（6）文件评审 在现场检查前，应对认证委托人的管理体系文件进行评审，确定其适宜性、充分性及与认证要求的符合性，并保存评审记录。

（7）检查实施 根据认证依据的要求对认证委托人的管理体系进行评审，核实生产、加工过程与认证委托人按照条款所提交的文件的一致性，确认生产、加工过程与认证依据的符合性。检查组在结束检查前，应对检查情况进行总结，向受检查方及认证委托人明确并确认存在的不符合项，对存在的问题进行说明。

（8）样品检测 要求如下：①应对申请认证的所有产品进行检测，并在风险评估基础上确定检测项目，认证证书发放前无法采集样品的，应在证书有效期内进行检测；②认证机构应委托具备法定资质的检测机构对样品进行检测；③有机生产或加工中允许使用物质的残留量应符合相关法规、标准的规定，有机生产和加工中禁止使用的物质不得检出；④认证委托人应出具有资质的监（检）测机构对产地环境质量进行的监（检）测报告以证明其产地的环境质量状况符合 GB/T 19630—2019《有机产品生产、加工、标识与管理体系要求》规定的要求。土壤和水的检测报告委托方应为认证委托人。

（9）检查报告 检查报告应包括检查组通过风险评估对认证委托人的生产、加工活动与认证要求符合性的判断，对其管理体系运行有效性的评价，对检查过程中收集的信息以及对符合与不符合认证要求的说明，对其产品质量安全状况的判定等内容。检查组应对认证委托人执行标准的总体情况做出评价，但不应对认证委托人是否通过认证做出书面结论。

（10）**认证决定** 认证机构应基于对产地环境质量在现场检查和产品检测评估的基础上做出认证决定。认证决定同时应考虑的因素还应包括：产品生产、加工特点，企业管理体系稳定性，当地农兽药管理和社会整体诚信水平等。对于符合认证要求的认证委托人，认证机构应颁发认证证书。

第二章

洋葱栽培的生物学基础

1. 洋葱根系的生长具有哪些特点？

洋葱的种子发芽以后，胚根入土不久便萎缩，因而无主根。其根为弦状须根，着生于短缩茎盘的基部，在蔬菜中属于吸收能力最弱、分布最浅的一类根系。根系的入土深度为 30～40 厘米，横向分布也是 30～40 厘米，大部分根系分布在 20 厘米的表土层，最长根的延伸也可接近 100 厘米。无根毛或根毛量很少，抗旱能力弱，吸收肥料的能力也不强。根系生长的适宜温度较地上部低，10 厘米地温达到 5℃时，根系便开始生长，10～15℃最适宜生长，20～25℃时生长缓慢。

生育初期，根的扩展极为缓慢，在温暖地区，秋栽洋葱的根系，1～2 月份缓慢生长，从 3 月下旬起，根部生长比较活跃，4 月份达到最高峰，5 月下旬根系生长开始衰退，后期生长速度缓慢，到收获前趋于停滞状态。

洋葱根系的生长与地上部的生长具有一定的相关性，根系的强弱直接影响茎叶的生长和鳞茎的膨大。在叶部进入旺盛生长期之前，首先出现的是发根盛期。所以，在栽培技术上要正确处理好促根与壮棵的关系。

2. **洋葱茎的生长具有哪些特点？**

洋葱的茎短缩为茎盘，扁圆锥形，叶和幼芽生于其上，须根系生于其下。成熟鳞茎的茎盘组织干缩硬化，能阻止水分进入鳞茎，因此茎盘可控制根的过早生长或鳞茎过早萌发。

生殖生长期间，植株经过低温春化，在长日照条件下，生长锥开始花芽分化，抽生花薹。花薹筒状，中空，中部膨大，有蜡粉，顶端形成伞形花序，开花结实。顶生洋葱，由于花器退化，在总苞中形成气生鳞茎。优良品种洋葱的茎盘短缩，茎盘伸长则洋葱品质下降。

3. **洋葱叶的生长具有哪些特点？**

洋葱的叶分为叶身和叶鞘两部分。叶身暗绿色，筒状中空，表面有蜡层，气孔下陷于角质层中，管状叶腹部凹陷，叶身稍弯曲，为耐旱的叶形。叶身的下部为叶鞘，叶鞘圆筒状，淡绿色或白色，上部相互抱合形成假茎，较短，一般为 10～15 厘米。生育初期，叶鞘基部不膨大，假茎上下粗细相仿。到生长的中、后期，叶鞘基部迅速膨大，形成开放式肉质鳞片，而侧芽及其分化的叶肥大形成闭合式肉质鳞片。许多肥厚的鳞片抱合成球状肉质的鳞茎。鳞茎成熟前，最外面 1～3 层叶鞘基部因所贮养分内移而变成膜质鳞片，可以保护内层鳞片，减少蒸腾，使洋葱得以长期贮存。

洋葱的鳞茎呈扁球形、圆球形或椭球形，表皮为紫红色、黄色或绿色。每株洋葱的侧芽数量因洋葱的品种而异，一般每个鳞茎中含有 2～5 个鳞芽，每个鳞芽包含几片尚未伸展成叶片的闭合鳞片和生长锥，鳞芽的数量越多，鳞茎就越肥大。一般出口洋葱品种要求只能有 1 个侧芽，形成 1 个闭合式肉质鳞片，俗称 1 个"芯"。

叶身是洋葱的同化器官，叶的数目多少和叶面积大小，关系到洋葱的产量和品质，而叶片数目多少和叶面积大小主要取决于洋葱抽薹与否，幼苗生长期的长短和栽培技术水平。先期抽薹或播种过晚，势必缩短幼苗期，使叶数减少，叶面积缩小，降低产量和品质。

叶鞘是洋葱营养物质的贮藏器官，叶鞘的数量和厚薄直接影响鳞茎的大小。所以，要提高洋葱的产量，必须首先创造有利于叶部生长的良好条件。

4 洋葱花、果实和种子的生长具有哪些特点？

洋葱一般在当年形成商品鳞茎，翌年抽薹开花。抽薹后，花薹顶端有一伞形花序，其上着生 200～800 朵花。异花授粉。果为两裂蒴果，内含 6 粒种子，种子盾形，断面为三角形，外皮坚硬多皱，呈黑色，千粒重 3～4 克。种子寿命短，使用年限通常为一年，属子叶出土类型。有一种简易估计种子质量的方法，即称 1 升种子的重量，如重量为 420～470 克，这样的新鲜种子，发芽率可达到 90%以上，如 1 升种子的重量在 400 克以下，则质量较差，发芽率很难达到 70%。

5 洋葱营养生长期分哪几个阶段？

洋葱营养生长期包括发芽期、幼苗期、旺盛生长期、鳞茎膨大期和休眠期。

6 洋葱发芽期的生长具有哪些特点？

从种子萌动、出土到第一片真叶显露为洋葱的发芽期。

洋葱的种皮坚硬，所以发芽缓慢，大约要 10～15 天。在栽培上要注意播种不宜过深，覆土不宜过厚，土壤要保持湿润，防止土壤板结。

洋葱幼苗期的生长具有哪些特点？

从第一片真叶显露到定植，属于幼苗期。

幼苗期的长短因播种和定植季节不同而异。秋播秋栽，幼苗期约为 50～60 天；秋播春栽，幼苗期约 180～210 天；春播春栽，幼苗期约 60 天。

幼苗期生长缓慢，特别是出土后的 1 个月内叶身细小、柔嫩，叶肉薄，生长量小，水分和肥力消耗量不大。在此期间应适当控制灌水，不需追肥，以免幼苗徒长降低越冬能力，防止幼苗过大引起先期抽薹。

栽培洋葱通常采用育苗的方式，当幼苗长到一定大小时，要及时定植到大田中。在定植以后的越冬期间，植株的生长量很小，冬前要控制水肥，防止由于徒长和植株生长过快致使干物质积累少，降低植株的越冬能力，同时也要防止因植株过大而感受低温，通过春化阶段，第二年出现先期抽薹现象。另外，有些洋葱幼苗是在苗床越冬，第二年春季再定植。

实践证明，洋葱定植的优质苗标准是单株重 3 克左右，假茎粗 0.4～0.9 厘米，株高 20 厘米左右，具有 3～4 片真叶。这种适龄幼苗既可以减少先期抽薹，又可以获得高产。幼苗过大，易先期抽薹。

8. **洋葱叶片旺盛生长期的生长具有哪些特点？**

植株返青以后（或在苗床越冬的洋葱定植以后），环境温度升高，适宜洋葱的生长，一直到鳞茎膨大以前，都属于洋葱的旺盛生长期，此期约持续 40～50 天。

从发育阶段的角度看，旺盛生长期与幼苗期并没有质的区别。地下部对温度敏感，前期生长速度比地上部快。以后，地上部的生长也逐渐加快，随着叶片的旺盛生长，鳞茎缓慢膨大。此期要保证充足的水肥供应，尤其是氮肥的供应，促进地上部分的旺盛生长，为鳞茎的膨大打下坚实的基础。

春季定植的洋葱，在定植以后，如果幼苗受到低温（2～10℃）、干旱等不利条件的影响，可能会使部分植株发生分蘖（分球）或先期抽薹，这是造成减产的重要因素；如果遇到高温、干旱，就会加快根系的老化。在旺盛生长期的后期，要适当控制水肥，否则地上部分长势过旺，会造成"贪青"，推迟鳞茎的膨大。

9. **洋葱鳞茎膨大期的生长具有哪些特点？**

植株经过一定时期的生长以后，长出最后一片真叶，开始进入鳞茎膨大期。从鳞茎膨大到收获为止，是洋葱的鳞茎膨大期，需 20～30 天。

在此期间，鳞茎膨大迅速。在较高温度（20～

26℃）和长日照（13～15 小时）条件下，鳞茎不断膨大，当鳞茎膨大到一定程度以后，叶片开始变黄，假茎失水变软，并发生倒伏，生理活动逐渐缓慢，鳞茎外面 1～3 层鳞片中的养分向内部转移，变为革质，即将进入休眠期，此时应及时收获。如果在鳞茎膨大期遇到不正常的低温或施用氮肥过多，叶片"贪青"生长，就不发生或延迟发生倒伏现象。

10. 洋葱休眠期具有哪些特点？

收获以后的洋葱即进入生理休眠期，此时即使给予良好的条件，鳞茎也不发根萌芽。休眠是洋葱对高温、长日、干旱等条件的一种适应。进入生理休眠期以后，呼吸作用微弱，鳞茎不发芽，这种状态将一直保持到生理休眠期结束。

休眠期的长短，直接关系到洋葱的贮藏力，而贮藏力的强弱，又取决于洋葱的休眠深度和休眠期的持续性，同时也受气温高低的影响。洋葱休眠期的长短因品种种性、贮藏条件以及休眠程度等因素的不同而不同，一般为 60～90 天。为了防止过早萌芽，除人为控制发芽条件外，可在收获前进行药剂处理，抑制发芽，延长贮期。

11. 洋葱生殖生长期可划分为哪几个阶段？

洋葱从花芽开始分化，到抽薹开花后种子成熟，为生殖生长期，这个阶段可以分为花芽分化期、抽薹开花期和种子形成期，需 240～300 天。

12. 洋葱花芽分化期的生长具有哪些特点？

从生长锥开始分化花芽，到花芽开始延伸抽薹，为洋葱花芽分化期。

在正常生产条件下，一般是在鳞茎收获以后遇到低温才通过春化作用。但是洋葱属于绿体春化作物，在幼苗长到一定大小（一般假茎粗 0.7 厘米以上），才能感受低温（一般在 2～5℃），60～130 天完成春化，生长锥停止生长分化为花芽。苗龄越大，冬前植株营养体越大，通过低温春化需要的时间越短。生产中发生先期抽薹的洋葱一般是在幼苗期通过春化作用。

13. 洋葱抽薹开花期的生长具有哪些特点？

从花芽分化结束，到花序上第一朵花开花授粉受精结束，为洋葱的抽薹开花期。花芽分化后的植株或鳞茎，在高温和长日照条件下，就可以抽薹开花结实。一般一朵小花的花期为 4～5 天，每个鳞茎可以抽 2～5 个花薹，每个花序的开花时间持续 10～15 天，同一植株不同花薹的抽生时间也有早晚，所以洋葱的花期有 1 个月左右。

14. **洋葱种子形成期的生长具有哪些特点？**

从开花到种子成熟为种子形成期。开花结束以后到种子成熟约 25 天。温度高时，种子成熟快，但饱满度差；温度低时，种子成熟缓慢。

15. **洋葱鳞茎膨大对栽培条件有何要求？**

洋葱的鳞茎从开始膨大到最后形成鳞茎的整个过程，与日照长度、温度有密切关系。

鳞茎肥大生长需要一定长度的日照和一定的温度。例如，在南方地区，秋冬季栽培的洋葱品种是短日照（日照时间在 12 小时以下）生态型；而在北方地区栽培的品种，多是长日照（日照时间 14 小时）生态型，甚至有的品种需要日照 16 小时。在同一地区，一般早熟品种对日照长度的要求比中、晚熟品种要短些。这一点对引种工作甚为重要。例如，天津的大水桃、荸荠扁是长日照型品种，引种到重庆、上海等地区，常因日照长度不足而减产，其夏季最长日照时间也不过 14 小时或稍多些。短日照型品种对日照时间的要求不像长日照型品种那样严格，但超出一定范围也不能正常生长。如将短日照型品种引到东北地区种植，就会出现植株还未充分生长，鳞茎便提早发育而过早成熟，同样造成减产。所以，应从纬度相近的地区引种，而不可从纬度相差悬殊的地区盲目引种。

鳞茎肥大生长还受温度的影响。一般认为，开始肥大生长的温度不低于 15℃；高于 25～27℃ 则超越了适宜范围。但具体到不同地区的品种是有差别的。例如，印度和北欧地区的品种对温度要求较低，大约在 15～20℃ 之间；西班牙地区的甜洋葱，需要 20℃ 左右；法国的品种类型，要求在 15～25℃ 之间。早熟品种对温度的要求一般都低于中、晚熟品种，这是因为在自然条件下长日照和较高的温度大都是同时出现的。至于我国洋葱品种对日照长度的要求，将在具体品种的特性中加以说明。

鳞茎储存的养分来自叶片的光合作用，所以在长日照来临前促进根、茎、叶的生长，保证达到一定的生长量，才能实现高产。

⑯ 洋葱的抽薹对栽培条件有何要求？

洋葱是绿体春化型植物，幼苗达 3～4 片真叶，假茎粗 0.7 厘米以上时，才能接受 2～5℃ 的低温，在温暖长日照的条件下抽薹开花。一般品种要求 10℃ 以下的低温即可发生春化作用，而 2～5℃ 是通过春化阶段的适宜温度；至于通过春化阶段所需的低温日数，不同品种之间的差异很大，短的仅需 40 天而长的可达 100 天以上。另外，营养状况不同的秧苗，对低温的反应也不一样。在同样的低温条件下，营养状况较差的秧苗更容易发生花芽分化；营养状况较好的秧苗会发生分蘖现象而不发生花芽分化。这主要是其碳、氮比不同的缘故。在同一品种中，大苗受低温影响后较易抽薹。即使是同一品种，抽薹的难、易程度在不同个体之间仍有差别。通过人为的选择，可以提高不抽薹性。

17 洋葱的耐贮性对栽培条件有何要求？

洋葱的耐贮性与土质、土壤水分、施肥种类和数量、鳞茎成熟度、病虫害的侵染情况以及收获后的干燥处理等许多条件都有关系，但从品种生态特性讲，与耐贮性关系最密切的是休眠期的长短和洋葱鳞茎的成分。休眠期长，萌芽发生得晚，然耐贮性高而且质量好。洋葱鳞茎的各项指标与耐贮性有关的主要是干物重和糖分含量。不同品种的干物重和糖分含量不同，干物重低者可小于10%，高者可在12%以上，一般干物重高的含糖量相应也高。干物重和含糖量高的品种，腐烂率低，贮藏效果良好。从不同品种类型来看，晚熟品种的耐贮性高于早熟品种；黄色品种高于红色品种；白色早熟品种则多不宜贮藏。

18. 洋葱的生长对温度条件有何要求？

洋葱对温度的适应性较强。有效生长温度为7～25℃，最适宜的生长温度为13～22℃。不同的生育时期对温度的要求不同，种子在 3～5℃时可缓慢发芽，温度提高到 12℃以上发芽迅速。幼苗的生长适宜温度为 12～20℃，幼苗对温度的适应性最强，健壮的幼苗可耐－7～－6℃的低温。旺盛生长期最适宜的生长温度为 17～22℃，温度降低，生长速度慢；温度过高，根、叶发育不良。鳞茎膨大需要较高的温度，鳞茎在 15℃以下不能膨大，21～27℃鳞茎生长最好。温度偏低，鳞茎膨大缓慢，成熟期延迟；温度过高，例如，温度超过 27℃，鳞茎膨大受阻，全株生长衰退，进入休眠状态。收获后的鳞茎对温度的适应性较强，有一定的抗寒和耐热能力，在夏季可以较好贮藏。洋葱抽薹开花期的适宜温度为 15～20℃；种子发育的适宜温度为 20～25℃。

洋葱是以"绿体"通过春化阶段的蔬菜，即只有当植株长到一定大小以后，才可对低温发生感应而通过春化阶段，花芽才开始分化。对一般品种而言，在幼苗茎粗大于 0.7 厘米或鳞茎直径大于 2.5 厘米时，在 2～5℃条件下，经 60～70 天，可以通过春化阶段。虽然温度低于 10℃就可起到春化作用，但以 2～5℃效果最好。品种之间通过春化所需的时间差异较大，在相同温度条件下，南方品种所需时间短，为 40～60 天，而北方品种所需时间长，为 100～130 天。所以，在北方采种用的母株，应贮于 2～5℃低温下，以便在贮藏期间感受低温促使其顺利抽薹开花。

洋葱对低温的反应也因营养状况的不同而不同，

在相同低温条件下，营养状况差的幼苗更易通过春化，发生花芽分化；营养状况好的幼苗发生分蘖现象，而不发生花芽分化。对于同一品种而言，受低温影响后，大苗更易抽薹。同一品种的不同个体之间，抽薹的难易程度仍有差别。

洋葱地上部和根系对温度的反映具有一定的差异。据观察，在 0℃ 的低温条件下，根系的生长发育速度比叶部快，当温度为 10℃ 时，叶部生长发育速度大于根系。采种母株和春栽洋葱应该提前定株，以便在发叶之前使根系的机能得到恢复。

19. 洋葱的生长对湿度条件有何要求？

洋葱的根系浅，吸水能力弱，需要较高的土壤湿度。幼苗出土前后，根、叶生长缓慢，要求保持土壤湿润；幼苗越冬以前要控制水分，防止幼苗因徒长而遭受冻害；营养生长旺盛期、鳞茎膨大期要求充足的水分供应，这是丰产的关键。如果土壤干旱，可促进鳞茎提早形成，但严重影响鳞茎的膨大，所以产量较低。在收获前 1～2 周控制浇水，较低的土壤湿度有利于鳞茎充实，加速鳞茎成熟，促进其进入休眠期，同时可减少鳞茎的含水量，防止鳞茎开裂，提高耐贮性。

洋葱叶片耐旱，要求较低的空气湿度，以 60%～70% 最为适宜，空气湿度过高易发生病害。洋葱的鳞茎外部有革质表皮，是耐旱性器官，贮藏在干燥条件下，仍可保持其水分，维持幼芽的生命活动。

20. 洋葱的生长对光照条件有何要求？

洋葱完成春化过程以后，在长日照和 15～20℃ 的温度条件下，才能抽薹开花。较长的日照时间不仅是诱导花芽分化的必要条件，也是鳞茎形成的主要条件。延长日照的时间，可以促进鳞茎形成与成熟。鳞茎的形成对日照时间的要求因品种而异，在 14 小时以上日照条件下形成鳞茎的品种为长日型品种，我国北方品种多为长日型品种，鳞茎的形成需 15 小时左右的日照条件；在 13 小时以下的日照下形成鳞茎的品种为短日型品种，南方品种多为短日型品种，需 11.5～13 小时的日照长度形成鳞茎；鳞茎形成对日照要求不甚严格的为中间型品种。我国北方多为长日照晚熟品种，南方多为短日照早熟品种。因此，在引种时，要考虑品种特性是否符合本地的日照条件，否则会造成减产。例如，把北方的长日品种盲目地引到南方，易因日照长度不能满足要求而延迟鳞茎的形成和成熟，甚至不能形成鳞茎；如果盲目把南方的短日型品种引到北方，常在地上部分未长成以前就形成鳞茎，会由于没有强大的营养基础而降低产量。

洋葱要求中等光照强度，洋葱适宜的光照强度为 2 万～4 万勒克斯。

洋葱的生长对土壤营养有何要求？

洋葱对土壤的适应性较强，但以肥沃、疏松、保水保肥力强的中性壤土为宜。适宜的土壤 pH 为 6～8。在沙质壤土上易获得高产，但黏壤土上的产品鳞茎充实，色泽好，耐贮藏。

洋葱养分的吸收量以钾最高，其次是氮，而磷最少，洋葱对氮、磷和钾的吸收比例为 1：0.4：1.9。洋葱的叶片形成期，所需营养以氮为主，缺氮期出现越早，减产幅度越大；鳞茎膨大期，对钾的反应敏感，缺钾会严重影响产量和品质。洋葱施氮肥效果的高效期为叶部生长的旺盛时期。洋葱是喜硝态氮作物，当铵态氮和硝态氮的比例为 5：5 时叶质量较 1：9 时稍有降低，而当比率为 9：1 时叶质量较 1：9 时降低 60%。洋葱在低温条件下对磷的吸收和运转均受到抑制。磷素对根的伸长生长起重要作用，生长初期缺磷时，洋葱根不生长，尤其幼苗期缺磷则枯死。磷肥对鳞茎的膨大影响比氮肥大，如将三要素区产量作为 100，则缺钾区为 87.7，缺氮区为 74.4，而缺磷区为 59.1，缺磷的减产幅度最大。增施氮、磷肥均能提高洋葱鳞茎的干物量和含糖量。钾对提高洋葱耐藏性有重要作用，生长发育初期应充分供给氮素和钾素。

洋葱根系的盐基置换量小，一般盐基置换量小的根，吸收钙、镁时受土壤条件影响较大，土壤干旱、土壤溶液浓度高等都会抑制洋葱对钙、镁的吸收。

一般每亩（1 亩≈666.67 平方米）氮、磷、钾的标准适用量为氮 12.5～14.3 千克、磷 10～11.3 千克、钾为 12.5～15 千克。在一般土壤条件下，施用氮肥可显著提高产量，磷和钾也应补充施用。幼苗期不耐肥，如施肥过多，易生立枯病、倒苗；叶片生长期以施氮肥为主；鳞茎膨大期以磷、钾肥为主。施用铜、硼、硫等元素，有显著的增产作用。

㉒ 洋葱的施肥技术有何特点？

洋葱一般进行育苗栽培，多为秋播春栽或春播春栽。育苗过程中为促进其根和叶的生长除了用有机肥和田土混合调配床土外，床土中还应加入氮和磷肥，以促进秧苗生长。洋葱定植前要施好基肥。基肥除优质厩肥或堆肥外，还应混合施入氮、磷和钾肥。由于磷肥在土壤中流失，而且对促进前期根系生长意义重大，所以应当全量作基肥，并且以 1/3 氮肥和 1/2 钾肥作基肥。由于洋葱根浅，这些肥料既不能烧根，也不能施得太远。

洋葱定植缓苗后就进入叶生长盛期，这时是氮肥效果最佳的时期，一般追施量为剩余氮肥的一半，促进根系和同化器官的旺盛生长。在叶生长盛期的后期，长出 8～9 片叶时，叶鞘基部开始膨大形成鳞茎，这时要适当控制肥水，防止氮肥、水分过量导致洋葱徒长而延迟洋葱鳞茎的形成。当洋葱功能叶已充分长大，鳞茎直径约 3 厘米时及时追施余下的氮和钾肥，防止叶片早衰，促进鳞茎的膨大生长，改善品质，增强耐贮性。

第三章
洋葱主要优良品种

1. **洋葱按形态特征可划分为哪些类型?**

（1）普通洋葱 我国栽培的洋葱多属于这一类型。生长强壮，每株通常只生一个鳞茎，个体较大，品质好。能开花结实，以种子繁殖，耐寒力比另外两个类型低，鳞茎休眠期较短，在贮藏期易萌芽。

（2）分蘖洋葱 分蘖洋葱（图 3-1）与普通洋葱相似，个头略小。基部分蘖，形成数个或十多个小鳞茎，大小不规则，簇生在一起。通常不结种子，以小鳞茎为播种材料。个体小，品质差，但耐贮性强，在我国东北地区分布较多。鳞茎呈铜黄色，产量低。很少开花结实，用分蘖小鳞茎繁殖。它的特点是抗寒力强且鳞茎耐贮藏。

（3）顶球洋葱 顶球洋葱（图 3-2）与普通洋葱相似，主要特点是在采种母株的花薹上形成气生鳞

图 3-1　分蘖洋葱

图 3-2　顶球洋葱

茎。气生鳞茎数目一般八至十个，多者十余个。通常不开花结实，用气生鳞茎繁殖，不用育苗直接栽植即可。贮藏期间不易萌芽，可长期贮藏。抗寒性极强，适于高寒地区栽培。在内蒙古、甘肃、陕西北部和西藏等地均有栽培。

2. 普通洋葱按鳞茎皮色可分为哪些类型?

普通洋葱按照鳞茎皮色,可分为黄皮洋葱、红皮洋葱、白皮洋葱(表3-1)。

表3-1 不同鳞茎皮色洋葱品种的主要特点

品种类型	鳞茎外皮颜色	鳞片肉质颜色	生长期	鳞茎形状	产量	品质	耐贮性和抗病性
黄皮洋葱	铜黄或淡黄	微黄	稍长(早中熟)	扁圆球形至高圆球形	较高	含水量少,肉质致密,味甜	最耐贮
红皮洋葱	紫红或粉红	微红	较长(中晚熟)	圆球形或扁圆球形	高	含水量大,肉质粗,味辛辣	较耐贮
白皮洋葱	白	白	短(早熟)	扁圆球形	低	肉质柔嫩细致	不抗病

(1) 红皮洋葱 鳞茎圆球或扁圆球形,紫红至粉红色。辛辣味强,丰产,耐贮性稍差。休眠期较短,萌芽较早,华东各地普遍栽培,早熟至中晚熟,5月下旬至6月上旬收获,如上海红皮、南京红皮、北京紫皮洋葱等。

(2) 黄皮洋葱 鳞茎扁圆、圆球或高圆球形,铜黄或淡黄色。鳞片肉质微黄而柔软,组织细密,味甜而辛辣,品质佳,耐贮藏。早熟至中熟,产量比红皮品种低,但品质较好,可作脱水加工用,适合出口,如金红叶、红叶3号、富永三号、OK黄、OP黄、大宝、中甲高黄、连云港84-1等。

（3）白皮洋葱 葱头白色，鳞片肉质白色，扁圆球形，有的则为高圆球形和纺锤形，品质优良，适宜作脱水加工的原料或罐头食品的配料，但产量较低，抗病较弱，在长江流域秋播过早，容易先期抽薹。品种如武汉白皮、日本白皮、美国白皮、哈密白皮等。

3. **普通洋葱按鳞茎形成对日照长度的反应可分为哪些类型？**

普通洋葱按鳞茎形成对日照的反应，可分为北方生态型、南方生态型和中间型三种。

（1）北方生态型（长日生态型） 北方生态型品种鳞茎膨大需要的日照长度为 13.5～15 小时，晚熟品种多属北方长日型。

（2）南方生态型（短日生态型） 南方生态型品种鳞茎膨大需要的日照长度为 11.5～13 小时，早熟品种多属南方短日型。

（3）中间型 中间型品种要求的日照长度介于上述两者之间。

了解品种生态型是避免盲目引种，合理安排栽培季节的重要方法。

4. **普通洋葱按鳞茎形状可分为哪几类？**

洋葱按鳞茎形状可以分为扁平球形、长椭圆球形、长球形、球形和扁圆球形 5 种（图 3-3）。

图 3-3　洋葱的外形

1—扁平球形；2—长椭圆球形；3—长球形；4—球形；5—扁圆球形

5. **黄皮洋葱有哪些优良品种?**

（1）熊岳圆葱　辽宁农业职业技术学院育成。植株生长旺盛，株高 70～80 厘米，成株有功能叶 8～9枚。管状叶深绿色，叶面有蜡粉。鳞茎扁圆球形，纵径 4～6 厘米，横径 6～8 厘米，外皮淡黄色有光泽。肉质鳞片 5～6 层，外层淡黄色，内层乳白色。单个鳞茎重 130～160 克。适应性、抗逆性和抗病性均强，耐贮藏，常温下能安全贮藏 270 天以上，且具有耐盐碱和不易早期抽薹的特点。每亩产量为 3500 千克左右。

（2）黄玉葱　河北省承德市地方品种，东北地区已有引种栽培。株高 50 厘米，植株开展度约 40 厘米；叶深绿色，叶面有蜡粉，单株有叶 9～11 枚，叶身长约 30 厘米，粗度小于 1 厘米。鳞茎扁圆球形，纵径 5～6 厘米，横径 7 厘米以上，鳞茎外皮黄褐色，鳞片淡黄色，单个鳞茎重 150～200 克。肉质细嫩，甜辣适中，品质好。早中熟。抗寒，耐热，较耐贮运；每亩产量 1250～1750 千克。

(3) 大水桃 天津市郊农家优良品种。株高约 60 厘米。管状叶的横断面为大半圆形，叶面微着蜡粉，深绿色，叶鞘（假茎）部分浅绿色。鳞茎呈高桩圆球形，纵、横径比约为 1：1，中等大小的鳞茎横径为 5 厘米，大型鳞茎可超过 7 厘米，单球重约 200 克。鳞茎外皮橙黄色，肥厚的鳞片为黄白色。鳞茎辣味较浓，纤维少，品质好；但水分含量比荸荠扁品种高。故不如荸荠扁耐贮藏。每亩产 3000 千克左右。

(4) 荸荠扁 天津市郊农家品种。叶长 40 厘米，成株的功能叶有 9～10 枚，绿色，蜡粉多。鳞茎扁球形，纵径 4～5 厘米，横径 7.0 厘米，单球重 100 克以上。鳞茎外皮土黄色，肉质鳞片淡黄色，水分少，辣味重，耐贮藏，品质好。耐寒，耐热，耐贮运。每亩产 2500 千克左右。

(5) 北京黄皮 北京地方品种。成株的功能叶有 9～11 枚，叶面有蜡粉，深绿色。鳞茎外皮浅棕黄色，肥厚的鳞片为黄白色，鳞茎盘较小。鳞茎形态不一。扁圆形者纵、横径比为 1：（1.5～1.6），颈部较细（约 2 厘米），单球重约 100 克。圆球形者其纵、横径比 1：1.2，颈部较粗（约 3 厘米），单球 150～200 克。鳞茎细嫩，纤维少，辣味较轻而略甜。鳞茎含水量较少，耐贮藏。每亩产 1500～2000 千克。

（6）福建黄皮洋葱　株高近 60 厘米，管状叶斜生，深绿色，叶面有蜡粉，叶身长约 50 厘米，横断面 1.5 厘米，叶鞘长约 10 厘米，上部浅绿色、下部白色。鳞茎外皮半革质，棕黄色，肉质鳞片白色，横径 8～8.5 厘米，纵径 8～9.5 厘米，单个重 300 克以上。鳞茎扁圆形或高桩圆球形。耐寒、耐旱，抗病性也强；但耐热、耐涝性中等。为中晚熟、短日照型品种，每亩可产 3400～4500 千克。除供食用外，还可脱水干制。

（7）内蒙古黄皮洋葱　内蒙古自治区地方品种。株高 60～65 厘米，开展度 25～32 厘米。叶深绿色，管状，中空，每株叶片 9～10 枚，叶表有蜡粉。鳞茎扁圆形或球形，纵径 5～6 厘米，横径 6～9.8 厘米，外皮黄褐色，内部黄白色，鳞茎内有侧芽 2～4 个，单个重 80～200 克。生长期 170～180 天。抗寒力强，抗病力较弱。鳞茎肉质细嫩，辛辣味浓，品质佳，耐贮藏。

（8）南京黄皮洋葱　南京市地方品种。鳞茎扁圆球形，外皮黄色，肉质白色。单个重 200～300 克，肉质致密，味甜，品质佳。耐贮藏，产量高。

（9）港葱一号　江苏省连云港市农业科学院选育的品种。中熟，鳞茎球形，横径 7～9 厘米，纵径 6～7 厘米，外皮橙黄色，内部鳞片白色，单球重 240 克左右。每株叶片 8～9 枚，叶管状。洋葱大小整齐，辛辣味淡，味甜。适于江苏、山东、河北、浙江种植。

(10) 港葱 845 连云港市农业科学院蔬菜研究所育成。早熟，江苏地区 5 月中旬收获。鳞茎扁球形，横径 8～10 厘米，纵径 5～6 厘米，外皮橙黄色，单个鳞茎质量 150 克左右，一般每亩产 3500 千克。该品种不太耐贮，但耐抽薹能力极强。

(11) 港葱三号 中熟，生长势旺，植株直立，7～8 片管状叶，株高 60～70 厘米。生育期 250 天左右。鳞茎圆球形，外皮金黄色，平均单球重 300 克以上，平均每亩产量 5000 千克以上。有光泽，内部鳞片白色，辛辣味淡，有甜味。抗紫斑病和霜霉病，耐贮藏。

(12) 金星 是通过雄性不育系配成的一代杂种。中长日照类型，生育期 240 天左右，中早熟，耐抽薹，耐分球。株高 65～70 厘米，叶色深绿，管状功能叶 9～10 片；鳞茎近圆球形，外皮红铜色，横径 8～10 厘米，纵径 7～9 厘米，单球质量 370～430 克；内部鳞片乳白色，辣味轻，甜度适中，肉质紧实。每亩产量 7000 千克左右，对紫斑病、灰霉病、地蛆、潜叶蝇的抗性与进口抗病品种红叶 3 号相当，适宜全国大部分中长日照地区露地栽培。

(13) 金天星 哈尔滨长日圆葱研究所选育。长日照黄皮圆球形洋葱，属低温感应膨大型。平均单球质量 216 克，铜黄色，球形指数 110，典型高球形，商品性好。叶管生长势旺盛，开张角度大，叶深绿色，在低积温带表现抗病。种子千粒质量 412～415

克。生育期110～115天，为中早熟品种。丰产性好。适宜在黑龙江省及吉林省的大部分地区作为中早熟品种栽培，也适宜在河北省及内蒙古等海拔1000～1500米、积温1900～2400℃的高原寒地栽培。育苗播种期2月下旬～3月中旬，移栽定植期4月下旬～5月中旬。高畦栽培，密度350000株/公顷左右。

（14）金红叶F1　是青岛一品农产有限公司由日本引进的新一代黄皮洋葱杂交一代品种，该品种具有产量高、营养丰富、商品性好等特点。是当前黄皮洋葱出口创汇的首选品种之一。中早熟，在山东地区一般较红叶3号等品种提前上市7天左右，每亩平均产量7500千克左右。球形一致性高，呈正圆球形，单球质量350～400克，外皮坚韧，金黄色，肉质紧实，且无分球，不易抽薹，抗病抗逆性强。山东地区9月10日前后育苗，每亩栽植22000～24000株。

（15）千金　台湾培育的杂交一代品种，植株生长势强且抗紫根病。鳞茎扁圆形，纵径约8厘米，横径10.5厘米，球大颈细，鳞皮棕黄色，鳞片浅黄色，单个鳞茎平均重300克左右。耐贮运，品质好，属于早熟、短日型品种，定植后110天收获，适于出口外销。

（16）万金　台湾农友公司新培育的品种，适于台湾南部栽培。植株比较高大、直立，叶色较浓。鳞茎扁圆形，纵径平均9.3厘米，横径11.2厘米，单个鳞茎平均重600克。紧实，抗紫根病，耐黑斑病。定植后120～140天收获，属于中熟、短日照型黄皮品种。

（17）金球 1 号 中日照品种，鳞茎高桩圆球形，纵径 7～8 厘米，横径 8～9 厘米，单球重 200～250克；鳞茎外皮浅棕黄色，有光泽，有肥厚鳞片 8～11层，呈乳白色，肉质细嫩，纤维少，鳞片水分含量适中，辣味较淡，略带甜味，品质好；株高 60～70 厘米，耐寒性及抗逆性较强，耐抽薹，耐贮运；品种中早熟，从定植到收获 100 天左右，每亩产 3000～4000千克，为鲜食、加工与出口的理想品种。华北地区一般于 8 月下旬播种育苗，10 月下旬至 11 月上旬定植，次年 6 月份收获。

（18）金球 2 号 中日照品种，地上部分长势旺盛，叶片深绿色，有蜡粉；鳞茎高桩圆球形，外皮金黄色，纵径 7～8cm，横径 8～10cm，单球质量 250～300 克。肉质鳞片 8～11 层，呈乳白色。鳞茎肉质细嫩，辣味适度，水分含量适中，品质好。品种抗逆性强，抗病耐寒；鳞茎顶部紧实，十分耐贮运，适应性广。中熟，产量高，每亩产量 4000 千克以上，是适合鲜食、加工与出口的理想品种。播期与播种区域同金球 1 号。

（19）金球 3 号 长日照品种，株高 60～70 厘米，鳞茎高桩圆球形，外皮棕黄色，纵径 8～9 厘米，横径 6～7 厘米，球重 200～250 克；辣味较浓，干物质含量高，水分含量相对较少，适宜煮食与加工；品种抗病性强，耐寒，贮藏期长，可达半年左右；定植到收获 100～120 天，中熟，每亩产 4500 千克以上，是出口东南亚、南亚的理想品种。华北地区可在 8 月下旬播种，11 月份或次年 3 月份定植；西北、东北等地区可在 4 月份春种，8～9 月份收获。

（20）金球 4 号　长日照品种，鳞茎高桩圆球形，外皮棕黄色，纵径 8～9 厘米，横径 7～8 厘米，球重 200～250 克；鳞茎内部鳞皮紧实，生芽晚，贮藏性能好；辛辣味稍浓，干物质含量高，适宜脱水加工与熟食处理；品种抗病耐寒，耐抽薹，不易分球，从定植到收获约 100 天，早熟，每亩产约 4000 千克，为出口东南亚、南亚等地的理想品种。播种期与种植区域与金球 3 号相同。

（21）超级金球　中晚熟，植株生长势强，叶色浓绿，有管状功能叶 9～10 片，成株叶丛高 70～75 厘米；鳞茎圆球形，黄铜色，球横径 8～10 厘米，纵径 7～9 厘米，单球重 380～420 克；辣度、甜度适中，不分球，不抽薹，抗病、抗逆性强，适应性广。秋播从定植到成熟 185 天，亩产 7200 千克。华北地区一般 8 月下旬至 9 月育苗，11 月定植，每亩定植 2万～2.3 万株，次年 5 月中旬至 6 月中上旬收获。

（22）早熟金球　早熟，秋季播种，晚春与早夏收获，鳞茎圆球形，单球重 250～300 克，皮色金黄，品质好，产量高，中日照地区一般 9 月中上旬育苗，次年 5 月中旬左右收获。

（23）改良金球 2 号　中晚熟，鳞茎高桩圆球形，外皮棕黄色，抗抽薹、抗病性强，极耐寒，耐贮藏性好，单球重 300～350 克，产量高，适于鲜食与加工，中日照地区一般秋季育苗，11 月定植，次年 5 月中旬至 6 月中上旬收获。

（24）改良金球 4 号 早熟，鳞茎高桩圆球形，味辣，贮藏能力好，外皮不易脱落，抗病性强，单球重 300 克左右，产量高，长日照地区一般 3～4 月保护地育苗，8～9 月收获。

（25）连葱 3 号 该品种株高 70 厘米左右，有管状叶 9～11 枚，深绿色，叶面有蜡粉，鳞茎圆球形，纵横径比 1∶1.2 左右，外皮金黄色，鳞茎平均质量 300 克左右，平均每亩产 4000 千克左右。抗寒、耐热，较耐贮运，属中熟、中日照品种，适于出口外销。黄淮海地区 9 月 10～20 日播种育苗，待苗龄 50 天左右，植株具 3～4 片真叶，株高 25 厘米左右，茎粗 6～7 毫米时即可移栽。行距 13 厘米，株距 20 厘米，每亩栽 2.5 万株左右。

（26）连葱 4 号 江苏省连云港市农业科学院蔬菜研究所育成。植株直立，7～8 片管状叶，株高 60～70 厘米，叶面蜡粉重。生育期 250 天左右。平均单球重 230 克以上，亩产 5000 千克以上。商品性好，外皮金黄色，有光泽，内部鳞片白色，辛辣味淡，有甜味，鳞茎圆球形，假茎较细，成品产出率高。中抗紫斑病。

（27）连葱 7 号 连云港市农业科学院蔬菜研究所选育的黄皮洋葱新品种，中熟，全生育期 250 天左右。长势旺盛，植株直立，无叶片下垂，一般有 7～8 片功能叶，株高 60～70 厘米。鳞茎圆球形，分球率低，假茎较细，符合出口标准。外皮金黄色，有光泽，辛辣味淡。单球重290克左右，每亩产量6000千克左右，耐抽薹，适宜在黄淮及周边气候相似地区栽培。

（28）早丰泉黄大玉葱　中日照类型，中熟品种。鳞茎高桩圆球形，外皮金黄色，肉质细嫩，辣味适中，抗抽薹、抗病性强，耐贮运。单球重350～450克，产量高，亩产量在6000千克以上，适宜鲜食与加工。一般于秋季播种育苗，11月份定植，翌年5月至6月上旬收获。

（29）阳春黄　江苏省连云港市农业科学院蔬菜研究所育成。该品种植株直立，生长势旺，无叶片下垂，7片管状叶，株高60～70厘米，熟性极早，江苏地区每年4月底前收获。平均单球重195克，每亩产量4100千克左右。商品性好，外皮金黄色，有光泽，内部鳞片白色，味甜，球形指数0.8以上，假茎较细。中抗紫斑病。

（30）世纪黄　连云港市农业科学院蔬菜研究所选育。生长势较旺，植株直立，无叶片下垂现象，叶色深绿，7枚管状叶，株高，60～70厘米，生育期250天左右，平均单球重250克以上，最大可达600克以上；鳞茎圆球形，球形指数0.85～0.9，大小基本一致；是出口创汇型黄皮洋葱品种；假茎较细，鳞茎外皮金黄色，有光泽，内部鳞片白色，辛辣味淡，有甜味，口感好，品质优，风味佳，深受消费者喜爱。该品种适宜长江中下游地区和鲁南地区栽培，目前已在江苏、山东等地示范推广。中抗紫斑病。

(31) 沂蒙黄皮 2 号 中晚熟品种，叶深绿色，叶面有蜡粉，鳞茎圆球形，外皮黄色光滑。单球重200～350克，大者800克以上，每亩产4000～6000千克，高肥水田可达10000千克以上。该品种品质极佳，味甜而稍辣，生食熟食均可，也是脱水加工、保鲜出口的理想品种。

(32) 沂蒙 3 号 该品种株高70厘米左右，有管状叶9～11枚，深绿色，叶面有蜡粉。鳞茎圆球形，纵横径比1∶1.2左右，鳞茎外皮浅棕黄色，有光泽，有肥厚鳞片8～11层，呈乳白色。大多数鳞茎只有一个中心芽，肉质细嫩，纤维少，鳞片水分含量适中，辣味较淡，略带甜味，品质好，鳞茎平均质量在350～400克左右，最大的可达1100克。耐寒性及抗逆性较强，耐抽薹，属中长日照型，其硬度、果形、口味比较适合日本、韩国市场。平均每亩产6000千克。该品种存在的不足是自然条件下贮藏性不好，收获前要喷施抑芽丹（青鲜素），便于鳞茎贮藏。

(33) 莱选 13 号 山东省莱阳市蔬菜研究所育成。晚熟。植株长势旺盛，管状叶8～9枚，叶片直立。鳞茎圆球形，直径8～10厘米，外皮光滑，黄色，内部鳞片白色微黄。单球重250～350克。质地致密，味甜而稍辣，品质佳。每亩产量6000千克左右。

(34) 大宝 日本引进品种。中熟。植株生长势强，有管状叶8～9枚，鳞茎高圆球形，横径7～9厘米，纵径 7～10 厘米，外皮橘黄色，有光泽，内部鳞片乳白色。单球重 300 克左右，辛辣味淡，耐抽薹，抗霜霉病和灰霉病。每亩产量 5000 千克左右。

（35）黄金大玉葱　由日本引进。该品种风味品质好，辣度、甜度适中，肉质紧实，呈乳白色，不分球，不易抽薹，抗病、抗逆性强，深受外商和种植者喜爱，是当前出口创汇黄皮洋葱的首选品种之一。

（36）浜育　日本引进品种。早熟。鳞茎近球形，外皮淡黄色，有光泽，内部鳞片乳白色。单球重 200 克左右，味甜，肉质致密，每亩产量 3500 千克左右。

（37）卡木依　日本育成的三系杂交一代中晚熟品种。产品球形，皮棕黄色，叶色深绿，叶型收敛，耐夏季高温高湿，抗病性强，抗软腐、干腐、叶枯等病害，耐连作；葱头紧实度好，有漂亮光泽，极耐贮，球重 200～300 克。整齐度好，品质上乘，是国内外客商认可的对日、俄、东南亚出口的最佳品种。

（38）红叶 3 号　日本引进品种。中熟。鳞茎圆球形，外皮棕黄色，有光泽，假茎细软，肉质致密，味甜，单球重 250～300 克，亩产量 4000 千克左右。极耐贮藏，可贮藏到第二年三月份不发芽，品质好不易抽薹。

（39）OP 黄　中熟品种。抗病性强，长势旺，耐贮藏，球茎圆、整齐、紧实，单球重约 320 克，是我国主要保鲜葱头出口品种之一。

（40）黄皮洋葱 88-1　甘肃省酒泉地区农科所选育。中熟品种，生育期 120～130 天。植株长势强，株高 50～55 厘米，开展度 17 厘米，12 片叶，叶深绿色。鳞茎膨大快，高桩形，平均纵径 7.6 厘米，平均横径 7.0 厘米，平均单鳞茎重 185 克。鳞茎肉质细嫩，辛辣味浓，品质佳，耐贮运，是理想的脱水菜加工原料品种。每亩产量 4000 千克以上。

（41）开拓者 是从美国引进的长日照中熟杂交一代黄皮洋葱种，最适宜种植纬度为 38°～48°。熟期约为 110～115 天。鳞茎高球形，硕大整齐，单果重约 320 克，单芯率高，皮铜棕色。叶绿色，极耐抽薹。耐贮藏，贮藏期约 6～8 个月，适应性广，品质佳，味辛辣。高耐粉根真菌病及耐镰刀霉菌病。

（42）金岛 是从美国引进的长日照中早熟杂交一代黄皮洋葱种，最适宜种植纬度为 38°～48°。熟期约为 105～110 天。近圆球形鳞茎，硕大，单芯率高。表皮金棕色，色泽好。果肉紧实，洁白，品质佳，味较辛辣。叶深绿色，耐抽薹。特别耐贮藏，贮藏期可达 6～8 个月。耐粉根真菌病及镰刀霉菌病。

（43）大力神 是从美国引进的长日照中熟杂交一代黄皮洋葱种，最适宜种植纬度为 38°～48°。熟期约为 110～115 天。鳞茎近似球形，硕大，单果重约 350 克，单心率中高，表皮金棕色，光泽好。叶绿色，耐抽薹。贮藏期约 4～6 个月，适应性较广，品质佳，味辛辣。高抗粉根真菌病及耐镰刀霉菌病。

（44）荷兰黄皮洋葱 从荷兰引进的长日照杂交一代洋葱种，是目前在我国市场上出现的一枝新秀品种。其优点：①适应性广。纬度在 38°～48°的地区均可种植。②产量高。与国内外品种对比产量均属一流，亩产可达 5000 千克，在水肥适宜、田间管理合理的条件下亩产量可达到 10000 千克以上。③球形好整齐度高。鳞茎圆球形，略高，单果重 300 克左右。④贮藏期长。单芯率高，收口好，紧实不易呛水，可贮藏 6～8 个月。⑤抗病性高。对粉根真菌病及镰刀霉菌病均有较强的抗性不易感染。⑥皮色好。皮色棕黄色，不易破裂，市场商品性极高。

（45）真心 是从美国引进的长日照中晚熟杂交一代黄皮洋葱种，最适宜种植纬度为 38°～48°。熟期约为 115 天。鳞茎近圆球形，紧实，单果重 300 克以上。表皮金棕色，有光泽。单芯率高，耐抽薹，耐贮运，贮藏期 2～4 个月，产量高，抗干腐病性能强，容易栽培。

（46）西班牙黄皮 长日照黄皮洋葱品种。适宜种植纬度 38°～48°。中晚熟。鳞茎高圆形，硕大紧实，单芯率较高。皮色深黄。叶绿色。产量高，中等辣味。贮藏期约 2～4 个月。耐粉根真菌病。

（47）玛西迪 美国皮托种子公司短日照黄皮洋葱一代杂交种。早熟性、抗病性好，外皮金黄色，有光泽，圆球形，均匀整齐，鳞茎重 250 克以上，鳞片乳白色，肉质细脆，辛辣味极淡，受到麦当劳、肯德基等快餐行业的青睐。

（48）西伯利亚玉葱 韩国引进一代杂交种。整齐度好，外皮颜色淡黄色，2～3 月可上市的极早熟品种，鳞片厚，带甜味，口感非常好，长势旺盛，易栽培，温暖沙壤地栽培表现更优秀。最佳播种期 9 月 5～10 日。

(49) 拉木搭玉葱　韩国引进一代杂交早熟品种。长势旺盛，易栽培，高桩圆球形，皮色铜黄色，鳞茎肥大，平均 300 克以上，皮不易脱落，贮藏时间长，4 月下旬～5 月上旬可采收上市。

(50) 泉州中甲高黄　日本引进品种。生长整齐，熟期一致，不易抽薹。鳞茎圆球形，外皮淡白黄色，内部鳞片乳白色，球径 8～9 厘米。单球重 350 克以上，味甜而微辣，品质优。中晚熟。耐寒性强，适应性广，高抗紫斑病、疫病，较抗霜霉病。每亩产量 6000 千克左右。

(51) 泉州球形黄洋葱　韩国中央种苗公司耐贮性极好的中日照黄皮洋葱。中晚熟，鳞茎高球形，外皮橙黄色，有光泽，单球重 300 克左右，植株生长势强，叶浓绿色，抗病丰产，贮藏性好，适合中日照洋葱种植区栽培。出口创汇优良品种。

(52) 泉州黄二号洋葱　该品种适宜于中日照地区种植。属中早熟品种，较泉州中甲高黄早熟 10 天左右，葱球近圆球形，长势均匀，结球整齐，不易裂皮。葱球颜色为古铜色，葱球结实，口味佳。萌芽期长。此品种耐贮运，可存放至 12 月底，产量较泉州黄玉高 20% 左右，适于露地栽培。

(53) 皇冠王洋葱　长日照品种，葱球大，圆球形，直径 10 厘米左右，中熟品种。表皮深古铜色，产量高，亩产 4000 千克以上。葱球收口较小，耐贮性良好，表现整齐，抗病性较强。

（54）美国 806　从美国太阳种子有限公司引进。中熟品种，云南在 9 月中、下旬播种，11 月中旬定植，全生育期 178 天。田间自然株高 79.9 厘米，叶色绿，假茎粗细中等。鳞茎高球形，横径 9.9 厘米，纵径 8.9 厘米，皮色黄色光亮，单球重 485～530 克，商品率 85%～95%，田间折茎率 81.3%，分杈率 1.3%，抽薹率＜5%。栽培密度每公顷种植 13.5 万～18 万株，每公顷商品产量 67.5 吨。

（55）牧童　从美国引进的黄皮长日照一代杂种。植株生长势旺盛，整齐度好，叶淡绿色、下披，生长期 124～126 天，属中早熟品种。鳞茎均匀一致，硬度好，纵、横径均为 9.0 厘米，圆球形，外皮铜色，着色三层，亮度好，假茎收口紧，不易掉皮，耐贮运，品质好。单球质量 364～367 克，每亩产量 7000 千克以上，高产的可达 8500～8700 千克。抗霜霉病，轻感软腐病。

（56）福圣　从美国引进的黄皮长日照一代杂种。叶绿色、直立，生长期 127 天左右，中晚熟。鳞茎硬度好，纵径 8.8 厘米，横径 9.0 厘米，圆球形，外皮铜色，亮度好。单球质量 346～361 克，横径 7 厘米以上合格率 84.7%～89.1%。每亩产量 7400～7700 千克，高产的可达 9000 千克以上。

（57）佳农宝　从美国引进的黄皮长日照一代杂种。植株生长势旺盛，叶淡绿色、下披，生长期 126～128 天，属高产、稳产、中晚熟品种。鳞茎纵径

9.0～9.8 厘米，横径 8.6～9.0 厘米，椭圆形，假茎收口紧，外皮铜色，亮度好。单球质量 362～387 克，横径 7 厘米以上合格率 86.2%～90.2%。每亩产量 7200～7620 千克，高产的可达 8000～10000 千克。对霜霉病和软腐病抗性较差。

(58) 农场主 从美国引进的黄皮长日照一代杂种。生长期 125～127 天，属中熟或偏晚熟品种。鳞茎纵径 9.2～9.4 厘米，横径 8.8 厘米，椭圆形，外皮浅铜或铜色。单球质量 360～370 克，横径 7 厘米以上合格率 74.7%～83.6%，合格率相对偏低。每亩产量 6800～7400 千克。鳞茎较软，耐贮运性较差。

(59) 金斯顿 从美国引进的黄皮长日照一代杂种。生长势旺盛，整齐度好，假茎收口紧，硬度好，外皮深铜色，着色三层，色泽光亮，不易脱皮，形好质优。生育期 127 天，属高产、中晚熟、大球形品种。该品种叶下披、绿色，鳞茎纵径 9.0 厘米，横径 8.6 厘米，椭圆形，单球质量 371 克，横径 7 厘米以上合格率 87.9%，每亩产量 7500 千克。

(60) 金美 叶直立、淡绿色，鳞茎纵径 9.2 厘米，横径 9.0 厘米，圆球形，单球质量 363 克，横径 7 厘米以上，合格率 91.7%，每亩产量 7300 千克。较抗霜霉病，轻感软腐病。

(61) 阿波罗 从日本引进的黄皮长日照早熟品种。生长期 124 天，叶直立、深绿色，生长势旺盛，整齐度好。鳞茎纵径 9.6 厘米，横径 9.0 厘米，椭圆形，外皮铜色，亮度好，假茎收口紧，不易掉皮。单球质量 351 克，横径 7 厘米以上合格率 96.0%。每亩产量 6900 千克。

（62）金帝　从美国引进的黄皮一代杂种。幼苗叶下披、淡绿色，生长势旺盛。鳞茎纵径 9.2 厘米，横径 9.0 厘米，圆球形，外皮铜黄色、亮度好，干皮着色三层，不易掉皮。单球质量 385 克，横径 7 厘米以上合格率 77.9%，畸形率高。每亩产量 7600 千克，高产的可达 9500 千克。耐贮藏，可贮存 6～8 个月。抗洋葱干腐病、红根病。

（63）富农　从美国引进的黄皮一代杂种。幼苗叶直立、淡绿色，生长势旺盛，整齐度好。鳞茎纵径 8.8 厘米，横径 9.2 厘米，扁圆形，外皮浅铜色，亮度好，干皮着色三层，脱落度中。单球质量 380 克，横径 7 厘米以上，合格率 88.1%。区域试验每亩产量 10130 千克，生产示范每亩产量 7100 千克，高产的可达 9100 千克。抗霜霉病，易感软腐病。

（64）地球　为日本杂交一代新品种。植株生长旺盛，叶色深绿。鳞茎近圆球形，外皮黄褐色。单球重约 350 克。品质佳，商品性状好，耐贮藏。高产的每亩可达 9000 千克。

（65）金元帅　为杂交一代品种。定植后 105 天左右可收获。鳞茎外皮黄色，圆球形。单球重 350 克左右。紧实度高，贮藏期 4 个月左右。

（66）金宏　为美国长日照型杂交一代品种。中晚熟品种，从定植至收获 125 天。鳞茎正圆球形。单球重 350 克以上。鳞茎外皮深黄色，不易裂皮。耐病，耐贮。不易早期抽薹。

（67）莱选 13 号圆葱 山东省莱阳市蔬菜研究所育成的品种，1992 年通过市级鉴定，并获莱阳市科技进步一等奖。植株长势旺盛，有管状叶 8～9 片，叶片直立，绿色，长约 40 厘米。鳞茎圆球形，直径 8～10 厘米，外皮黄色光滑，鳞片肉质白色微黄，单茎重250～350 克。鳞茎组织致密，味道甜而稍带辣味，品质佳，适宜生熟食。该品种中晚熟，抗病性强，适合北方各地种植。一般亩产 6000～8000 千克。

（68）台农选 3 号 是台湾农业试验所凤山热带园艺试验分所选育。植株高大、直立，叶色青绿。鳞茎扁圆，外被深黄褐色半革质鳞皮。鳞茎外观好，颈部细，合格率高而且品质好。早熟定植后 95～120 天收获，属于短日照型品种。

（69）东北顶球洋葱 东北顶球洋葱又叫毛子葱、头球洋葱、埃及洋葱。在黑龙江省哈尔滨市郊、吉林省双阳区均有栽培。植株丛生，叶呈细管状，长约 30厘米，断面为半圆形，绿色，叶面有蜡粉。植株分蘖力强，但不规则，每株可生成多个鳞茎，鳞茎多为纺锤形，外皮半革质、黄褐色，单个分蘖鳞茎 150～300克。花薹上着生气生鳞茎球，有黄皮和紫红皮两种类型。有的气生鳞茎在薹上即生出小叶，可以作为种球进行繁殖。鳞茎耐贮藏，辣味中等。

（70）西葱 3 号 短日照黄皮洋葱，早熟。株高82～96 厘米，全株叶片 8～12 片，外叶深绿色，叶面有蜡粉，株型紧凑。鳞茎圆球形，外皮黄色，肉质鳞片白色，颈粗 1.8～3.4 厘米，横径 12 厘米，纵径 11 厘米。鳞茎鲜质量 480 克，甜辣适中，肉质细嫩，耐贮运，田间长势强，抗病性强，早期抽薹率低，为 8.9%，不易分球，早熟，从定植至成熟生育期 187 天左右。与亲本日本黄皮洋葱 96203 相比，西葱 3 号成熟期提前 14 天，早期抽薹率低 10.7 个百分点（96203 为 19.6%）。经四川省农业科学院分析测试中心测试，西葱 3 号洋葱总糖含量 8.12%、粗纤维 0.53%、蛋白质 1.71%、脂肪 0.11%、干物质 9.45%。

(71) 黄金帅 长日照、中晚熟品种，成株叶片 7～8 片，生长势旺，鳞茎圆球形。纵径 8～9 厘米，横径 7～8 厘米，外皮黄色，干后半革质，内肉白色、鲜嫩，色鲜味美，产量高，抗病能力强，单球重 290～400 克。土地肥沃的高产地块每亩产量 8000 千克以上。

(72) 艾利姆 1 号 东北林业大学选育。长日照、中晚熟类型，生育期 120～125 天。鳞茎圆球形，外皮黄色有光泽，辣味适中，口感甜脆，可溶性固形物含量高，紧实度好，耐贮运。单鳞茎质量 240～260 克，产量达 77300 千克/公顷。抗紫斑病、霜霉病、灰霉病等，适合黑龙江省春季栽培。

(73) 连葱 9 号 连葱 9 号是以 9701 不育株为母本、韩国高球形洋葱 9953 为父本杂交，在其后代优良株系中经多代系统选育而成。该品种属中熟类型，生育期为 245 天左右。鳞茎圆球形，假茎较细，球形指数 0.85 以上，平均单球质量 300 克左右，球形整齐，球茎大。平均每亩产量为 6000 千克左右。外皮金黄色，内部鳞片白色，辛辣味淡，有甜味。抗紫斑病，高抗霜霉病。

(74) 金球 2 号 中日照品种，地上部分长势旺盛，叶片深绿色，有蜡粉；鳞茎高桩圆球形，外皮金黄色，纵径 7～8 厘米，横径 8～10 厘米，单球质量 250～300 克、品质好、品种抗逆性强；鳞茎顶部紧实，十分耐贮运，适应性广。本品种表现中熟，产量高，每亩产量 4000 千克以上，是适合鲜食、加工与出口的理想品种。播种期与播种区域同金球 1 号。

(75) 连葱 16 号 连云港市农业科学院选育，早熟品种。假茎倒伏期比早熟主栽品种"阳春黄"早 2～3 天，球形指数 0.85，鳞茎圆球形，单球质量 335 克，产量 78137 千克/公顷，适宜江苏及周边区域露地栽培。

(76) 科威黄 4 号 西昌学院选育，早中熟，早期抽薹率低；株形紧凑，株高 80～90 厘米，叶片深绿色，全株叶片 9～11 片，叶面有蜡粉。鳞茎圆球形，辛辣味淡，外皮金黄色，纵径 9.6～11.2 厘米，横径 11～12.8 厘米，颈粗 3～3.65 厘米，鳞茎鲜重 450～550 克，耐贮性好，品质优，平均产量 8600 千克/亩。

(77) 希望之星 连云港市农业科学院选育，早中熟，生长势旺，植株直立，6～7 片管状叶，株高 65～70cm。生育期为 240 天左右，熟性与连葱 5 号相似。鳞茎圆球形，假茎较细，球形指数 0.85 左右，单球重 300 克以上，球形整齐，膨大速度快，球茎大，收获期弹性大。平均产量 82500 千克/公顷以上。商品性好，外皮金黄色，有光泽，内部鳞片白色，辛辣味淡，有甜味。高抗紫斑病和霜霉病。

6. **紫皮（红皮）洋葱有哪些优良品种？**

（1）北京紫皮 北京市地方品种。植株高 60 厘米以上，开展度约 45 厘米。成株有功能叶 9～10 枚，深绿色，有蜡粉；叶鞘较粗，绿色。鳞茎扁圆形，纵径 5～6 厘米，横径 9 厘米以上。鳞茎外皮红色，肉质鳞片浅紫红色。单个鳞茎重 250～300 克，鳞片肥厚，但不紧实，含水分较多，品质中等。中晚熟。每亩产 2500 千克左右，高产田可达 4000 千克。生理休眠期短，易发芽，耐贮性较差。

（2）高桩红皮 高桩红皮洋葱是陕西省农业科学院蔬菜研究所从西安红皮洋葱中选育而成的。植株生长健壮，管状叶深绿色，有蜡粉。鳞茎纵径 7～8 厘米，横径 9～10 厘米；成熟的鳞茎外皮半革质、紫红色，肉质鳞片白色带紫晕，单个鳞茎重 150～200 克。中晚熟，耐肥水，分蘖少，抗寒性强，但耐贮性较差。一般每亩可产 3500～4000 千克。

（3）甘肃紫皮 甘肃紫皮洋葱株高 70 厘米以上，成株有功能叶 10 枚左右，叶色深绿，有蜡粉，叶鞘（假茎）较粗。鳞茎扁圆形，纵径 4～5 厘米，横径

9～10 厘米，鳞皮半革质、紫红色；肉质鳞片 7～9 层，呈淡紫色。单个鳞茎重 250～300 克。辣味浓，水分多，品质中等。抗寒、耐旱，但休眠期短，萌芽早，易腐烂。一般每亩可产 3500 千克以上。

（4）南京红皮　南京红皮洋葱株高约 70 厘米，管状叶绿色，有蜡粉，叶鞘上部绿色，下部黄白色。鳞茎扁圆形，外表的鳞皮紫红色，肉质鳞片白色带紫红色晕斑，内有鳞芽 2～3 个。鳞茎单个重 100～150 克。抗寒性强，休眠期短，耐贮性较差。每亩可产 1750～2000 千克。

（5）江西红皮　江西红皮洋葱株高 50～70 厘米，开展度 45 厘米。管状叶深绿色，蜡粉少，鳞茎扁圆形，纵径 5 厘米，横径约 7 厘米。成熟鳞茎外被半革质紫红色鳞皮，肉质鳞片浅紫红色，单个鳞茎平均重 200 克以上。辣味较浓，质地松脆，易失水，耐贮性较差。每亩可产 1750～2000 千克。

（6）广州红皮　广州红皮洋葱是广州地方品种。植株直立性强，株高 50 厘米，叶展 25 厘米。管状叶中下部较一般红皮品种粗，横径可达 2 厘米，深绿色，叶面有蜡粉。鳞茎扁圆形，纵径 4～5 厘米，横径约 7 厘米，外皮半革质、紫红色，单个鳞茎重 100～150 克。耐寒性、抗病性强，但不耐高温，属于短日照型品种。

（7）福建紫皮　福建紫皮洋葱是福州、永泰、长乐等地区主栽品种。植株较直立，株高约 50 厘米。管状叶深绿色，叶面蜡粉多。鳞茎扁圆形，纵径约 5

厘米，横径约 8 厘米。成熟的鳞茎外皮（鳞皮）半革质、紫红色，肉质鳞片淡紫色而偏白，单个鳞茎重 120 克左右。风味甜辣适中，葱香浓郁，可鲜食。休眠期短，不耐贮藏。每亩可产 1000 千克。属于短日照型品种。

（8）西安紫皮 陕西省关中地区地方品种。植株高大，开展度 45 厘米左右。叶色浓绿，蜡粉多，每株有管状叶 9～11 枚。鳞茎扁圆形，纵径 5～6 厘米，横径 9～10 厘米，外皮紫红色。鳞片肥厚多汁，辣味浓。在陕西省从育苗到收获 270 天左右。适于陕西省各地种植。

（9）上海红皮洋葱 上海市地方品种。鳞茎扁圆形，外皮紫红色。单个重 200 克左右。肉质肥厚致密，味稍辣。

（10）零陵红皮洋葱 湖南省零陵地方品种。鳞茎扁圆形，大小适中，外皮紫红色，味甜，香味浓，品质佳。每公顷产 30000～37500 千克。

（11）紫选 1 号 长日照类型，中晚熟品种，从定植到收获约 120 天。鳞茎高桩圆球形，纵径 7～8 厘米，横径 8～9 厘米，单球质量约 300 克。外皮紫红色，有鲜亮光泽，肉质细嫩，呈白色。辣味较浓，带甜味，干物质含量高，水分含量少。品种抗病、耐寒，贮藏期达半年左右。

（12）紫选 2 号 中晚熟，鳞茎高桩圆球形，甜辣味适中，品质好，抗抽薹，抗病性强，单球重 250～350 克，产量高，中日照地区一般 9 月育苗；11

月定植，次年 6 月收获。

（13）紫星 河北省邯郸市蔬菜研究所经系统选育育成的紫皮洋葱新品种。株高 65～75 厘米，管状叶 9～11 片，叶片上冲，灰绿色，叶面蜡粉多。鳞茎表面呈深紫红色，有鲜亮光泽。扁圆形，横径 8～9 厘米，纵径 6～7 厘米，平均单球重 250 克，最大单球重 400 克以上。品质脆嫩，有甜味，辣味较浓。该品种先期抽薹率低，耐肥水，耐贮藏，产量高。中长日照地区一般 9 月上旬育苗，11 月上旬定植，次年 5 月下旬至 6 月上旬收获。

（14）紫冠 长日照类型，中熟品种。鳞茎高桩圆球形，单球重 350 克，品质好，产量高。耐贮性强，抗病性强。长日照地区一般在 3～4 月保护地育苗，8～9 月收获，少部分地区也可秋播。

（15）紫球 植株长势强壮，长日照品种，成株叶丛高 65～75 厘米，叶绿色，有管状功能叶 9～11 片，鳞茎高桩圆球形，纵径 7～8 厘米，横径 8～9 厘米，平均单球重约 250 克，最大单球质量达 442 克，外表皮深紫红色，有鲜亮光泽，内部肉质白色，脆嫩，有甜味，辣味较浓，种子黑色，粒大，千粒重 4.1 克。从定植到收获 100～120 天，属中熟品种。

（16）紫金 从美国引进的红皮长日照品种。叶直立、深绿色，长势一般，但在红皮洋葱品种中属大球形、丰产性较好的品种。生长期 126 天，较晚熟。鳞茎圆球形，皮色红亮，单球质量 310 克，横径 7 厘米以上合格率 76.2%。每亩产量 6400 千克。不抗软腐病，耐贮性差。

（17）紫玉　河南省安阳市蔬菜研究所育成。高产、多抗、中熟、适应性强。该品种鳞茎扁圆形，横径 6～8 厘米，纵径 4～6 厘米，平均单球重 200～300克，亩产量 5000～7000 千克。鳞茎表皮颜色鲜亮呈紫红色，品质脆嫩有甜味，辣味较浓，球茎紧实，耐贮藏，收获后 3 个月贮藏安全，不萎缩，不发芽。

（18）连葱 8 号　由江苏连云港市蔬菜研究所育成的紫皮洋葱新品种。中熟，生育期 250 天左右；植株生长势强，株高 65～75 厘米，一般具 8～9 片功能叶，叶片上冲，灰绿色，叶面蜡粉多而厚；鳞茎扁圆形，球形指数 0.72，外皮深紫色，有光泽，辣味较淡，商品性好；单球重 250 克左右，每亩产量 5000～6000 千克。适宜黄淮地区及气候相似地区种植。

（19）港葱五号　生长势旺，植株直立，7～8 片管状叶，株高 60～70 厘米。生育期为 250 天左右。平均单球重 250 克以上，每亩产量为 5000 千克以上。商品性好，有光泽，球形指数 0.70 以上，鳞茎扁圆球形，假茎较细，成品产出率高，达到 80％以上。中抗紫斑病。

（20）昌激 88-9　株高为 85～95 厘米，全株叶片 8～11 片，叶片深绿色，叶面有蜡粉，鳞茎厚圆形，外皮紫红色，颈粗 2～3.5 厘米，横径 10～12 厘米，纵径 6～7 厘米，鳞茎鲜重 300～550 克，生育期 293天左右，中晚熟，辛辣味强，耐贮性好，株型紧凑，早期抽薹率低，产量高，耐寒、耐热、品质好，亩产量 8000 千克。

（21）红太阳 中长日照品种，中熟，比红皮高桩洋葱早上市 7～10 天，鳞茎球形，单球质量 350～450 克，果皮艳红色，长势中等，球形整齐，抗抽薹，商品率高，6 月上旬收获，亩产量 6000～7000 千克。

（22）中生赤玉葱 中日照中早熟红皮洋葱品种。厚扁形鳞片从外至里均为赤紫红色，辛辣味少，微甜，可生食。单球重在 350 克以上，商品性好，亩产量在 6000 千克以上。高抗抽薹，抗病，耐贮运。

（23）迟玉葱 韩国引进一代杂交种。中熟，外皮深红色，很鲜艳，接近圆球形，产量高。

（24）北岛红 植株生长势强，株高约 60 厘米，叶呈细管状，绿色；鳞茎高桩圆球形，外皮紫红色，高 7～9 厘米，横径 7～9 厘米，单球重 300～400 克，最大的单重可达 1.5 千克左右，肉质粉甜可口，肉厚艳丽，风味优美，抗病性强，适应性广，每亩产量在 4000 千克以上，高的可达 7000 千克，产品耐贮运，商品性好。

（25）西葱 1 号 从激光辐照洋葱的变异后代中，经 8 年多选育而成，通过四川省农作物品种审定委员会审定，中晚熟，株型紧凑，株高 85～95 厘米，全株 8～11 片叶，深绿色，叶面有蜡粉，鳞茎厚、圆形，外皮紫红色，颈粗 2～3.5 厘米，横径 10～12 厘米，纵径 6～7 厘米，鳞茎鲜重 300～550 克，生育期 230 天左右，辛辣味强，品质好，亩产量 7000 千克左右。

（26）西葱2号 极早熟品种。株高88.31厘米左右、株型紧凑。全株叶片8～11片，叶片深绿色，叶面有蜡粉。鳞茎略似锥形、外皮紫红色，鳞茎鲜重300～550克，单个鳞茎平均重312.5克，平均生育期215天左右，极早熟，早期抽薹率低。田间表现高抗霜霉病、灰霉病和锈病。耐贮性好、耐寒、耐热，品质好。

（27）富井赤 为日本品种。鳞茎扁圆形，整齐度高。单球平均重350克左右。鳞茎外皮深紫红色，甜、辣味均较重，适于生食及做色拉菜。中晚熟。耐肥水。丰产。一般每亩产量为3500～4000千克，高产的可达5000千克左右。

（28）济宁红皮 济宁市地方品种。植株生长势强，株高50～60厘米。叶细管状，深绿色，蜡粉少。葱头扁圆形，表面呈红紫色；肉白色。单株葱头重150～250克。香味浓、甜辣，宜炒食。较耐肥水。一般亩产4000～4500千克。

（29）青选红皮 青岛市郊区农家品种。植株生长整齐，株高60～70厘米。管状叶绿色。葱头近圆形，表皮紫红色。单株葱头重150～200克。品质优良，较耐贮藏。冬性较强，先期抽薹率低，一般在0.5%以下。春播生长期180天左右，秋播生长期270～280天。一般亩产3500～4000千克。

（30）红绣球 为长日型洋葱品种，营养生长期170天左右（春播），植株生长势强，株高60～70厘米，外叶数11～13片，叶灰绿色，鳞茎为圆球形，外皮亮紫红色，平均单鳞茎重为 300 克左右，鳞茎纵横径为 8.6 厘米×9.0 厘米，收口好，肉质水分较多，品质风味好，内部肉质有紫色圈，耐贮性较强，平均产量达 6000 千克/亩，对洋葱紫斑病、灰霉病和黄矮病的抗性较强。

（31）紫星 2 号 邯郸市蔬菜研究所选育。株高 65～75 厘米，有管状功能叶 9～11 片，叶片上冲，灰绿色，叶面蜡粉多。葱头厚扁圆形，横径约 9 厘米，纵径约 7 厘米，外表皮深紫红色，有鲜亮光泽，内部肉质白色，单球重约 300 克，最大单球重 500 克以上，商品性好。品质脆嫩，有甜味，辣味较浓。属中熟品种，生育期 285 天（包括越冬期）。抗霜霉病和紫斑病，耐贮存。对不同的土质适应性广，较耐旱，耐抽薹。大田 1 亩，高产达 6000 千克以上。

（32）红洋 1 号 甘肃省酒泉市农业科学研究院选育。属长日照一代杂交种，移栽后生育期 101～113 天，属于中早熟品种。叶鞘淡紫色，叶直立，叶色深绿，有蜡质，株高 85～90 厘米，生长旺盛。鳞茎圆球形，纵径 9.0～11.0 厘米，横径 7.6～10.4 厘米；皮红色，亮度好；鳞片 13～15 层，单球质量 245～411 克，硬度中；鳞茎横径≥7 厘米的合格率 87.9%～91.4%。鳞茎整齐一致，不易掉皮，抗抽薹，耐贮运。2012 年经甘肃省酒泉市植保站现场测定，抗紫斑病、霜霉病，轻感软腐病。

（33）红洋 3 号 甘肃省酒泉市农业科学研究院选育。属长日照一代杂种。移栽后生长期 100～113

天，中早熟品种；叶鞘淡紫色，叶直立，叶色深绿，有蜡质；株高 85～90 厘米，生长旺盛。鳞茎圆球形，纵径 9.2～10.0 厘米，横径 8.8～9.6 厘米，皮红色，亮度好，鳞片层数 13～15 层，单球质量 245～411 克，硬度中，肉质较细，肥厚多汁；鳞茎横径≥7 厘米的合格率为 87.9％～91.4％。鳞茎整齐一致，不易掉皮，田间表现耐抽薹，耐贮运。2012 年经酒泉市植保站现场测定，该品种田间抗紫斑病、霜霉病，轻感软腐病。适宜酒嘉地区及生态条件相类似的地区，中、高水肥条件种植。

（34）红地球 鳞茎苹果形，中长日照、中晚熟品种，成株叶片 7～8 片，生长势旺。纵径 8～9 厘米，横径 7～8 厘米，外皮红色，光泽亮度好，干后半革质，内肉白色、鲜嫩，色鲜味美，产量高，抗病性能强，单球重 290～400 克。土壤肥沃的高产地块每亩产量 8000 千克以上。

（35）泰星紫玉 鳞茎扁圆形，外皮紫红色，干后半革质，鳞片肉质白色、鲜嫩、纤维少，辣味适中，葱香浓郁，品质极佳，商品性好，单球重 290～450 克。耐寒、抗病、产量稳定，每亩产量 4500～6000 千克。

（36）豫园红星 豫园红星洋葱是河南省农业科学院园艺研究所从日本红皮洋葱中经过多年优良单株选择和提纯复壮育成的红皮洋葱新品种。中熟，全生育期 260 天左右。株高约 68 厘米，功能叶 8～9 片，叶片上冲，深绿色，蜡粉中等。鳞茎外皮红色，扁圆形，球形指数 0.70，辣味适中，口感甜脆，商品性好；单球质量 240 克左右，亩产量约 5500 千克。适宜河南省及周边地区种植。

(37) 长日赤玉 为长日照赤红皮洋葱一代杂交种。长日照赤红皮洋葱雄性不育系 2355A 及保持系 2355B 来自西班牙红和 2361B 杂交而成的分离后代，父本为陕西高桩红皮自交分离的深紫皮自交系（代号 2003-7-11-23）。株高 70～75 厘米，管状功能叶 10～11 片，叶色深绿；平均单球重 400 克左右，鳞茎高桩球形，外皮红色，有光泽，内部鳞片紫红乳白色相间；抗病性强，抽薹及分球少，假茎收口紧，耐贮性好；亩产量达 6500～7000 千克，增产潜力大，适宜我国长日照地区推广。

(38) 紫魁 2 号 是石家庄市农林科学研究院蔬菜研究所利用三系杂交育种技术选育出的一代杂交洋葱新品种。母本为雄性不育系 11 田 EA15，父本为自交系 11ER8-3-5。为早熟品种，平均株高 70 厘米，田间生长势强，植株整齐一致，直立性强。该品种品质优良，味甜脆嫩，质地紧密；鳞茎半高桩，外表皮紫红色，横径 9～11 厘米，纵径 7～9 厘米，鲜亮有光泽，葱头外观整齐一致，优级产品率达 95% 以上，平均单球重 400 克左右，一般产量 97500 千克/公顷左右，较当前生产上主栽品种紫星 2 号增产 20% 以上；耐贮性好。

(39) 珍珠圆葱 河南省中牟县的农技推广人员从当地红皮洋葱中选育出珍珠圆葱 1 号，葱头外皮红色，圆球形，每头一般 15 克左右，通过田间密植技术，每亩可产葱头 3000～3500 千克，产品主要出口马来西亚、越南、老挝、泰国等东南亚国家。

（40）早丰紫珠　早丰紫珠是以日本赤红皮洋葱早熟赤玉为母本、韩国中晚熟紫玉为父本杂交后经 4 代系统选育而成的。中早熟，生育期 240 天左右；植株生长势强，株高 65～70 厘米，叶片灰绿色，蜡粉多；鳞茎厚扁圆形，球形指数 0.78，外皮赤红色，有光泽，微甜，商品性好；单球质量 350 克以上、亩产量为 6200 千克左右，适宜大部分中日照地区种植。

（41）红福尔　是以雄性不育系"MS404A"为母本，自交系"R0076-15"为父本杂交育成的紫皮一代杂种。该品种属长日照紫皮洋葱类型，平均单球重 185 克左右，球色深紫色，球形近圆球，硬度紧实，较耐贮藏；植株叶片管状直立，开张角度大，叶深绿色；生育期 120～125 天，属晚熟品种；抗霜霉病和灰霉病；平均产量 72226 千克/公顷，适合在黑龙江大部分地区春播栽培。

（42）连葱 10 号　江苏省连云港市农业科学院以"日本紫皮"为母本，"红玉早生"为父本杂交后经过连续多代系统选育而成，属中日照类型早中熟品种。鳞茎扁圆球形，球形指数 0.66，外表皮深紫色，内部鳞片白色；平均单球质量 300 克左右，产量 7600 千克/公顷，抗病性强。适宜黄淮地区秋播夏收露地栽培。

（43）紫骄 1 号　河北省邯郸市蔬菜研究所以洋

葱雄性不育系 98 抗-8-1-2-11A 为母本、自交系极紫 3-1-5 为父本杂交选育而成的紫皮洋葱杂种一代早熟抗逆新品种。株高（叶丛）65～70 厘米，有管状功能叶 7～8 片，叶片上冲，深绿色，叶面蜡粉较多，植株直立性强。葱头厚扁圆形，横径约 8～9 厘米，纵径约 6～7 厘米，外表皮深紫红色，有鲜亮光泽，内部肉质白色，平均单球重 250 克以上，最大单球重 400 克以上。属早熟品种，生育期 260～265 天（包括越冬期）。抗霜霉病和紫斑病。耐贮存，鳞茎收获后休眠性强，90 天内不萎缩、不出芽。商品性好，品质脆嫩，有甜味，辣味较浓。对不同土质适应性广，较耐旱。抗逆性强，抗分蘖、耐抽薹。长城以南、淮河以北各地均可种植。

（44）淄博红皮 淄博市地方品种。植株生长势强，株高 50 厘米左右。管状叶深绿色，蜡粉少。葱头近圆球形，表皮紫红色，高 5 厘米左右，横径约 7 厘米。肉白色，味甜辣，香气浓，宜炒食。单株葱头重 150～200 克。冬性较强，春季抽薹率低，较耐肥水。一般亩产 5000 千克左右。较抗病毒病。较耐贮藏。

7. 白皮洋葱有哪些优良品种？

（1）新疆白皮 新疆地方品种。植株生长势中等，株高 60 厘米左右，植株开展度约 20 厘米。成株生有功能叶 13～14 枚，管状叶深绿色，叶面蜡粉中等，叶鞘部分较粗，直径可达 2 厘米，上部为绿色，下部为白色。鳞茎扁圆形，纵径将近 5 厘米，横径约 7 厘米，成熟鳞茎的外皮白色、膜质，肉质鳞片白色，约 15 层，单个鳞茎重约 150 克。质地脆嫩，甜味重，辣味轻，纤维少，品质优，既可生食，也可熟食，更适于脱水干制。早熟，休眠期短，每亩可产 2000 千克。

（2）江苏白皮　江苏省扬州市地方品种。植株较直立，株高 60 厘米以上。管状叶较细长，叶身部分深绿色，叶面有蜡粉；叶鞘上部为浅绿色，下部为白色。鳞茎多为扁圆形，纵径 6～7 厘米，横径约 9 厘米。成熟鳞茎外皮半革质、黄白色，肉质鳞片白色，内有鳞芽 2～4 个，单个鳞茎重 100～150 克。质地脆嫩，甜而淡辣，适于生食和脱水干制，亦可熟食。早熟，耐寒性强，每亩可产 1500～1750 千克。

（3）美国白皮　是目前国内主要出口洋葱，纺锤形，单球重一般为 300～400 克，外皮近白黄色，质地细嫩，辣味少，产量高，不耐贮藏。

（4）系选美白　天津农业科学院蔬菜研究所从美国引进的白皮洋葱，经过 5 代系统选择得到现在性状已经稳定的新品系。株高 60 厘米左右，成株的功能叶有 9～10 枚，叶色绿，蜡粉少，叶鞘浅绿色。鳞茎圆球形，球径 10 厘米左右，外皮白色、膜质，肉质鳞片纯白色、紧实，单个鳞茎平均重 250 克以上。鳞茎质地脆嫩，甜辣适口，适于生食和加工干制，其抗寒性、耐贮性、不易抽薹性和对盐、碱土壤的适应性比原种有所提高。小区测产每亩可达到 4000 千克的水平。

(5) 富士中生 从日本进口的杂交一代种。表皮白色，稍带绿色纵条纹。鳞茎纺锤形，单鳞茎重 300～400 克。产量很高，品质好，不耐贮藏。每公顷产 75000～100000 千克。

(6) 白石 从美国引进的白皮长日照品种。生长期 127 天，中晚熟。鳞茎椭圆球形，皮薄、白色、亮度好。单球质量 354 克，横径 7 厘米，以上合格率 85.4%，每亩产量 6150 千克。

(7) 瑞雪 单球质量 343 克，横径 7 厘米以上，合格率 71.2%，每亩产量 6100 千克。感霜霉、软腐病，耐贮性差。

(8) 白珠洋葱 为脱水加工专用品种。适应长日照、纬度 35°～45°的地区种植，属中早熟品种。葱球为圆球形，直径 6～7 厘米，雪白色表皮及肉质，干物质含量高。葱球坚硬，收口小，极耐贮存。生长期对粉红根病有很好的抗性，非常适宜用于制作脱水洋葱。

(9) 科威白 1 号 短日照类型，中熟，从定植到采收 200 天左右，田间表现整齐一致，生长势强，株型紧凑。株高 80 厘米，叶 11 片，外叶深绿色；鳞茎近圆球形，横径 10 厘米，纵径 9 厘米，白色，肉质脆嫩，单球质量 320 克；抽薹率低，不易分球；耐贮运；每亩产量 6186～6893 千克。据测定，总糖含量

8.34%、粗纤维 0.49%、蛋白质 1.68%、脂肪 0.12%、干物质 9.31%。早期抽薹率低，贮藏时间 200 天左右，单个鳞茎质量 340 克左右。该品种适宜在四川安宁河流域及云南等类似短日照洋葱生产地区推广。

西昌地区在 9 月上旬至中旬播种，播种过早抽薹葱较多，过晚则洋葱产量偏低。播后采用黑色地膜覆盖，当葱苗三叶一心或 4 片叶时移栽，合理密植，每亩栽 2.4 万～2.7 万株。

（10）B99-6 从美国品种白地球杂一代生产田中严格进行母球的优选，经多代系统选育而成。植株直立、生长势较强，株高 65～75 厘米，茎粗 1.4 厘米，管状叶淡绿色，成株功能叶 11～13 片。球形整齐美观，鳞茎高桩型，外皮韧性较强，白色，球横径 6～10 厘米，纵径 8～11 厘米，单球质量 185～235 克，平均产量 4500～5000 千克/亩，辛辣度适中，肉质紧实。从定植到商品采收期为 130 天。抗细菌性软腐病。

（11）连葱 12 号 江苏连云港市农业科学院从黄皮洋葱 500 中的白皮变异株进行单株自交，从其后代中系统选育出的新品种。中熟，全生育期 259 天，平均株高 75 厘米、假茎直径 1.8 厘米，株型直立，7～8 片管状叶，叶片深绿色。鳞茎球形指数 0.66，扁球形，整齐，外表皮及内部均为白色。单球质量 350 克左右，产量 90000 千克/公顷左右。高抗紫斑病、霜霉病。

8. 分蘖洋葱和顶球洋葱有哪些优良品种？

（1）**分蘖洋葱** 为葱科葱属洋葱的丛生变种，以肉质鳞片和鳞芽构成鳞茎的二年生草本植物。分蘖洋葱不同于常见的洋葱，一般每株分蘖成多个至十多个大小不规则的铜黄色鳞茎；形状较小，像大蒜中较大的蒜瓣（小鳞茎），鳞茎略有大蒜味。分蘖洋葱与普通洋葱有区别：普通洋葱每株形成一个较大的鳞茎，多以种子繁殖；而分蘖洋葱形成一丛鳞茎，很少开花结实，用分蘖小鳞茎繁殖。因此，分蘖洋葱被定为洋葱的丛生变种。

在美国，分蘖洋葱作为商品生产的年产量在数千吨以上，法国和其他欧洲国家也生产分蘖洋葱。这种蔬菜还在欧美国家许多家庭花园中种植，深为人们所喜爱。

分蘖洋葱目前在我国黑龙江，湖北省房县，重庆奉节、巫山等地有栽培。在当地称为果子葱。此外，吉林省双阳区也有栽培。植株丛生，分蘖力强，单株可形成 7～9 个球形小鳞茎。其管状叶比普通洋葱细，叶片长约 30 厘米，深绿色，叶面有蜡粉。鳞茎圆球形，外皮半革质、紫红色；肉质鳞片白色带有微紫色晕斑。品质中等，单个鳞茎重约 150 克。早熟，从定植鳞茎到采收鳞茎需 70 天左右。

（2）**顶球洋葱** 又称埃及洋葱，植株丛生，叶呈细管状，长约 30 厘米，断面为半圆形，绿色，叶面有蜡粉。植株分蘖力强，通常不开花，仅在花茎上形成 7 至 10 余个气生小鳞茎供繁殖用。鳞茎多为纺锤形，外皮半革质、黄褐色，单个分蘖鳞茎 150～300 克。

① 东北顶球洋葱　东北顶球洋葱又叫毛子葱、头球洋葱、埃及洋葱。在黑龙江省哈尔滨市郊、吉林省双阳区均有栽培。植株丛生，叶呈细管状，长约 30 厘米，断面为半圆形，绿色，叶面有蜡粉。植株分蘖力强，但不规则，每株可生成多个鳞茎，鳞茎多为纺锤形，外皮半革质、黄褐色，单个分蘖鳞茎 150～300 克。花薹上着生气生鳞茎球，有黄皮和紫红皮两种类型。有的气生鳞茎在薹上即生出小叶，可以作为种球进行繁殖。鳞茎耐贮藏，辣味中等。中晚熟，生长期 80 天。适于东北各地种植。

② 河曲红葱　河曲红葱又叫旱葱、楼子葱，是山西省河曲县地方品种，栽培历史悠久。红葱均属于顶球洋葱变种，植株丛生，叶呈细管状、深绿色，有蜡粉。在当地 5～6 月份分株、抽薹，薹上着生气生小鳞茎，并生小叶，其中 1～3 个不生叶而呈花薹状，上面再着生气生小鳞茎，花薹重叠，呈楼层状，故又名楼子葱。耐旱，抗寒，分蘖力强，适应性广。

③ 陕北红葱　陕北红葱是延安、榆林地区栽培多年的地方品种。株高 60～78 厘米，管状叶深绿色，中等粗细，叶面有蜡粉。鳞茎扁柱形，长 23～31 厘米，外皮半革质、赤褐色。在当地 5～6 月份抽生花薹，上面丛生紫红色气生鳞茎 3～14 个，其中 1～3

个鳞茎芽呈花薹状，上面再着生气生鳞茎。鳞茎辛辣及芳香味浓。具有分蘖力强、抗寒、耐旱和耐瘠薄等特性，但极晚熟。当地在第一年立秋播种气生鳞茎进行育苗，第二年寒露定植，第三年采收时单丛重370多克，每亩可产1000～1500千克。

④ 甘肃红葱　甘肃红葱又叫楼子葱。栽培于甘肃省河西走廊及其他干旱地区、甘肃宁夏交界地区与陕北地区。株高80～90厘米，鳞茎长30厘米，粗近2厘米，外皮为褐黄色。从育苗至收获需2年，每亩可产2500千克。

⑤ 西藏红葱　西藏红葱也叫藏葱、楼子葱。在西藏自治区的拉萨、日喀则、南木林和萨嘎等地均有栽培。株高60～75厘米，株丛叶展40～60厘米，管状叶中等粗细，深绿色，有蜡粉；叶鞘部分长约30厘米，粗1～1.5厘米，不膨大生长，外皮半革质、红褐色，内部鳞片白色。每株可发生分蘖5～8个，每个分蘖着生管状叶4～8枚。在西藏地区6～7月份抽薹，顶部着生气生鳞茎10～16个，并间有小花，但不结籽，也有花薹重叠呈楼层状的特性。西藏红葱抗寒、耐旱、耐热，适应性极强，可以安全越冬。在拉萨和日喀则地区6～7月间采集气生鳞茎育苗，第二年3月下旬至4月上旬定植，在6月中下旬至11月上旬可陆续采收。每亩可产1000～1500千克。

第四章
洋葱四季栽培茬口安排与栽培模式

1. 栽培洋葱对前茬作物有何要求？

　　洋葱不宜连作，也不宜与其他葱蒜类蔬菜重茬。秋栽主要以茄果类、豆类、瓜类和早秋菜为前茬，也可以以水稻为前茬；春栽多利用冬闲地。洋葱的后作主要是秋黄瓜、秋土豆等早秋菜。洋葱植株低矮，管叶直立，适于与其他蔬菜间套作。

2. 我国各地洋葱生产如何安排栽培季节？

　　洋葱鳞茎膨大需要适当的温度和光照条件，因此，各地应根据当地的气候特点，安排育苗和定植时间。一般可分4种情况：

　　一是我国黄河流域等中纬度地区，冬季最寒冷月份的平均温度在-5~7℃之间，洋葱可在露地条件下安全越冬，但停止正常生长。这类地区一般秋季露地育苗，初冬定植，翌年夏季收获。

二是我国华北北部、东北南部、西北大部分地区，冬季寒冷，最冷月份平均气温低于−5℃，洋葱幼苗不能正常越冬，需要集中保护越冬，翌年春季定植，夏季形成鳞茎。

三是我国南方地区，冬季月平均气温超过7℃，洋葱幼苗可在露地条件下继续生长。一般初冬播种，冬季长成幼苗，翌年早春定植，初夏形成鳞茎。

四是在夏季冷凉的山区和高纬度的北部地区，一般春季露地播种育苗，夏季定植，秋季收获。

现将我国有代表性地区的洋葱栽培季节列表如表 4-1：

表 4-1　各地洋葱栽培季节表

地区	播种期	定植期	收获期	附注
西昌	8月下旬至9月上旬	10月上旬至11月上旬	4～5月收获	露地育苗
佳木斯	2月下旬	4月下旬至5月上旬	7月下旬至8月上旬	温室育苗
哈尔滨	3月中旬	4月上旬	9月上旬	温床育苗
	8月5～10日	4月下旬	9月上旬	幼苗沟藏越冬
长春	8月10～20日	4月上旬	7月中旬	露地育苗贮藏越冬
沈阳	2月中旬	4月上旬	7月中下旬	保护地育苗
	8月20～25日	3月下旬至4月上旬	7月中旬	苗床覆盖或贮藏越冬
大连	9月上旬	3月下旬	7月上旬	苗床覆盖越冬
	8月底至9月上旬	—	7月上旬	直播露地越冬

续表

地区	播种期	定植期	收获期	附注
辽宁中部	5月中旬	—	7月下旬(仔球)	收获仔球贮藏翌年定植或苗床越冬3月定植
		3月下旬(栽仔球)	7月下旬	
西安	9月中旬	11月上中旬	6月中旬	
陇东、陕北	8月上旬(播气生鳞茎)	3～4月	10～11月	应用甘肃红葱和陕北红葱(顶球洋葱)
兰州	9月上旬	3月下旬至4月上旬	7月下旬	
平凉	9月上旬	5月上旬	7月下旬至8月上旬	
张掖、酒泉	3月下旬至4月上旬	—	8月下旬至9月上旬	直播
银川、石嘴山	3月下旬	—	9月	直播
西宁	2月中下旬	4月中下旬	9月上旬	
石河子	4月中下旬	—	9月上中旬	直播
拉萨、日喀则	6～7月(播种气生鳞茎)	3月下旬至4月上旬	6月中旬至11月中旬	应用西藏红葱(顶球洋葱)
呼和浩特	3月下旬	5月中下旬	8月上旬	温室育苗
赤峰	8月上中旬	4月上旬	7月下旬至8月上旬	幼苗沟藏越冬
巴彦淖尔	4月上旬	6月初	9月中下旬	阳畦育苗
	7月	—	9月(子球)	直播培育子球
		翌年7月	9月下旬	贮藏越冬后翌年栽植

地区	播种期	定植期	收获期	附注
北京	8月24~26日	10月中旬或3月下旬	6月下旬	
天津	8月下旬	10月下旬至11月上旬	6月下旬	
石家庄	8月25日至9月5日	10月下旬至11月中旬	6月下旬至7月上旬	亦可苗床越冬,翌年春栽
承德	8月下旬	3月中下旬	7月上旬	苗床覆盖越冬
太原	9月上旬	3月上中旬	7月下旬	苗床覆盖越冬
郑州	8月下旬至9月上旬	10月下旬至11月上旬	6月上中旬	
济南	9月上旬	10月下旬至11月上旬	6月中下旬	
南京	9月中旬至9月下旬	11月下旬	5月下旬至6月上旬	
杭州	9月下旬	11月下旬至12月上旬	5月下旬至6月上旬	宜用早、中熟品种,提早带绿叶收获上市
	8月中下旬	11月上旬至11月中旬	4~5月	
	3月中旬	—	6月上旬(收获仔球)	仔球收后晾干贮藏
	—	11月中旬至12月上旬	5月中旬	仔球栽培比育苗可提早收获10~15天
九江	9月中下旬	11月上旬至12月中旬	5月	
昆明	9月下旬	11月上旬	5月上旬	
重庆	9月中旬	11月中下旬	5月中下旬	
福州	10月	苗龄40~50天	3月上旬	
广州	7~9月	苗龄45~60天	1~4月收获	

续表

地区	播种期	定植期	收获期	附注
台湾	8月下旬至 10月上旬	苗龄 35～45 天	2月下旬至 3月中旬	直播
	9月中旬至 10月中旬	—	3月	
	1月中旬 至 2月中旬	8月下旬至 9月中旬	2月中下旬 至 3月上旬	仔球在直径 2厘米时收 获经贮藏后 于当年定植

③ 栽培作物间套作应遵循什么原则?

间作是两种作物隔畦、隔行种植,主作物与副作物共生期较长,可利用主、副作物对环境条件需求的差异,达到相互有利,共同发展。套作是在一种作物的生育后期,于行间栽种另一种作物,主作物与副作物共生期较短,可充分利用其空间和时间,增加复种指数,提高单位面积的产量和效益。

间套作应遵循的原则:①选播种、定植、收获期相近的种类间作,以便于统一耕作和田间管理,及时腾茬。②两类蔬菜的品种所喜欢的营养或根系分布深浅不同,以便于充分利用地力。③两类蔬菜植株高矮不同,以便于通风透光,充分利用光能。④生长期长的和生长期短的配合。⑤喜光的和耐阴的配合。⑥一次收获和陆续收获的蔬菜相配合。

4. **洋葱有哪些优良的间套作模式？**

洋葱秋播时生长期长达 7～8 个月，且苗期生长缓慢，绿叶面积和根系都小，不能充分利用阳光和土壤中的水分和养分。为了充分利用阳光和土壤资源，提高复种指数，洋葱可与粮、棉、菜等间作套种，以增加效益。间、套作的方式有棉花、洋葱套种，粮、洋葱套种，菜、洋葱套种，粮、菜、洋葱间套种，棉、菜、洋葱间套作等 5 种形式。

5. **棉花、洋葱套种栽培模式的技术要点有哪些？**

洋葱于 8 月下旬～9 月上旬育苗，11 月上中旬定植，翌年 6 月中旬收获，亩产量为 3500 千克；棉花播种于 4 月下旬～5 月中旬，11 月上旬收获完毕，亩产籽棉 200 千克。

品种选择：洋葱应选用长日照型品种，出口销售的选用黄皮品种，如泉州黄玉葱、黄皮 502、莱选 13 号、日本黄皮等。国内销售的选用高产红皮品种，如紫星、西安红皮、淄博红皮、红皮高桩、济宁红皮、上海红皮等；棉花选用早中熟品种，如"新棉 33B""DP99B""皖杂 40"和"保铃棉 32B"。

种植模式：河北省南部和河南省北部地区，畦埂（垄）宽 40 厘米、高 15～20 厘米，畦心宽 160

厘米。垄上点播 1 行棉花，畦内定植 10 行洋葱。山东省济宁市、河北省衡水市和玉田县的做法是：4 行洋葱为 1 带，行距 18～20 厘米，株距 15 厘米，带间距 40 厘米，带间起底宽 20 厘米、高 15～20 厘米的小高垄，于垄上点种 1 行棉花，株距 25 厘米左右。

在不适于培高垄的地区，除参考以上方式进行间作外，也可按 50 厘米宽栽植 3 行洋葱，用 25 厘米宽播种棉花，即"三密一稀"，每 9 行洋葱中插播 2 行棉花，构成一个种植带。

这种套种方式的优点是：洋葱与棉花的共生期为 1 个月左右，相互间无不利影响；棉花生长在高畦上，而且是宽窄行种植，可充分利用边行效应，通风透光良好，植株生长健壮，所以棉花产量不受影响，还增加了一季洋葱的收入。据河北省玉田县于瑞芹报道，采用这种棉、洋葱套种方式，每亩可产洋葱 3500 千克，籽棉 200～250 千克。

6. 玉米、洋葱套种栽培模式技术要点有哪些？

品种选择：洋葱一般选择西安红皮；玉米选用中单 2 号或掖单 13 号。

种植模式：甘肃省靖远等地，洋葱在 9 月中下旬直播，行距 20 厘米，播后铺 1～2 厘米厚的细沙以求增温保墒。翌年春季出苗后及时间苗、定苗，每亩留苗 2 万株。若育苗可在 7 月下旬播种，入冬前起苗扎捆进行埋藏或在室内贮藏，翌年春季清明前按行距 15～20 厘米、株距 15 厘米，在整地、施肥、覆盖地膜后扎孔栽苗。当 5～10 厘米土壤温度稳定在 10℃ 左右时，在洋葱行间隔行点播玉米，穴距 20 厘米。每亩可产洋葱 3500 千克以上，玉米 350 千克。

7 花生、洋葱套种栽培模式技术要点有哪些？

在辽宁、河北、山东、河南等地区，花生、洋葱套种经验介绍如下。

品种选择：洋葱采用适合市场及出口外销的长日照型品种；花生在辽宁、河北、山东、河南省等主产区以海花 1 号、锦系 1 号、冀油 4 号等大果型品种为主。

种植模式：第一年 8 月底播种洋葱，成苗后根据当地气候条件可在苗床加以保护（设风障、畦面用地膜密封或支架小型拱棚覆盖越冬），亦可起苗扎捆在菜窖贮藏或挖沟（深度在土壤冻层以下）进行假植贮藏；翌年早春起垄定植，垄底宽 80～90 厘米，顶宽 60～65 厘米，垄间相距 30 厘米；一般在春分以后、垄内 5 厘米土壤温度稳定在 5℃ 以上即可在中央部位扎孔栽植洋葱，株距不宜小于 10 厘米，每亩植苗 6000 株左右，在距高垄两侧 12～13 厘米处按穴距 10～12 厘米点播花生（每穴 2 粒），每亩不少于 8000 穴（图 4-1）。

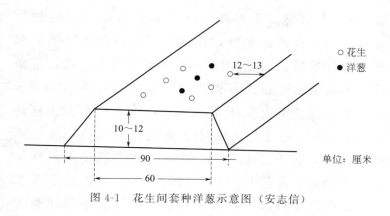

图 4-1　花生间套种洋葱示意图（安志信）

8. 洋葱、无籽西瓜套种栽培模式技术要点有哪些？

品种选择：洋葱选早熟、抗病性强的品种，国产品种有黄高早丰 2 号、金太阳 2 号，进口品种有琥珀 2 号、金球 1 号等；无籽西瓜选择品质好、外形美观、抗病性强、易坐果的中早熟品种，如麒麟六号、黑珍珠、兴科 4 号、丰甜 2 号等。

种植模式：洋葱于 9 月上旬育苗，1 月上旬移栽，翌年 5 月上旬收获；无籽西瓜 3 月初嫁接育苗，4 月上旬定植，6 月下旬收获，每亩洋葱 2500～3000 千克，无籽西瓜 4000～5000 千克。

栽培要点：西瓜行距 2.5 米，单行种植，预留行宽 1 米；洋葱畦宽 1.5 米。洋葱于 9 月上旬育苗，选择苗高 30 厘米左右，假茎粗 0.6～0.7 厘米，单苗重 4～6 克，叶色浓绿，根系发达的壮苗定植，株行距 14 厘米×16 厘米，定植深度 1～1.5 厘米，每亩定植

2.5 万~3 万株。无籽西瓜 3 月初嫁接育苗, 播种后
至顶土时, 再播砧木种, 接穗和砧木苗两子叶展平时
即可靠接嫁接, 幼苗两叶一心时双膜覆盖定植, 定植
密度每亩栽 250 株无籽西瓜苗, 授粉品种株距 0.5 米
与无籽西瓜苗分开集中定植, 以便取花授粉。无籽西
瓜苗在 4~5 片叶时, 摘除瓜苗生长点 (授粉品种不
打生长点, 任其生长), 促使基部抽生侧蔓, 每株保
留 5 条侧蔓, 并使其向四周均匀分布。每条侧蔓第 2、
3 个雌花出现时, 进行人工授粉。5 月上中旬洋葱收
获时, 瓜蔓已布满整个小拱棚, 此时外界昼夜温度均
已达到无籽西瓜生长所需适温, 及时拆除小拱棚, 并
浇施一次伸蔓肥, 每亩尿素 10 千克, 选瓜定瓜后,
瓜长至拳头大小时, 重施一次膨果肥, 每亩尿素 20
千克, 磷酸二氢钾 5 千克。无籽西瓜授粉后 30 天左
右采收, 贮藏 2~3 天后上市, 风味更佳。

9. 洋葱、西瓜、菜豆套种栽培模式技术要点有哪些?

　　洋葱、西瓜、菜豆一年三熟套种, 技术简单, 易
管理, 效益高, 适合大面积推广。种植模式介绍
如下:

　　洋葱 9 月上中旬育苗, 11 月底移栽, 按大小苗分
级定植。高畦栽培, 畦边沟宽 40 厘米、深 20 厘米,
畦面宽 150~160 厘米。按行距 20~23 厘米、株距
10~15 厘米, 每畦定植 7~8 行, 每亩定植 18000~
25000 株。定植后, 立即覆盖地膜, 然后再把葱苗一

棵棵放出。到来年 5 月中下旬成熟，一般单球重 200～300 克，每亩可产洋葱 5000 千克左右。

西瓜 4 月上旬采用营养钵小拱棚育苗，4 月中下旬移栽定植到洋葱田畦边沟内，既保温保墒，又通风透光，洋葱、西瓜互不影响。西瓜株距 40～50 厘米，每亩可定植 700 株。5 月下旬，西瓜团棵时，洋葱全部成熟采收。7 月中下旬至 8 月初西瓜全部成熟。一般亩产西瓜 3000～4000 千克。

菜豆 7 月底至 8 月中旬播种，按宽、窄行种植，宽行 60 厘米，窄行 40 厘米，穴距 25～30 厘米，每穴留苗 2～3 株，每亩可产菜豆荚 1000～1500 千克。

10. 洋葱、番茄套种栽培模式技术要点有哪些？

种植模式：洋葱 9 月上中旬播种育苗，品种可选用"美国超级 502"等黄皮洋葱。每亩用种 4～5 千克，可供 10 亩大田栽植用。定植的适宜时间为 10 月下旬至 11 月上中旬。越夏番茄 4 月上旬播种育苗。选用佳粉 10 号、佳粉 15 号、毛粉 802 等品种，苗龄掌握在 40 天左右。5 月中下旬，当幼苗具有 4～5 片真叶时定植。

栽培要点：畦内种 11 行洋葱、4 行番茄。在靠近两畦埂 10 厘米处种 2 行洋葱（不覆膜），然后留 40 厘米套种行。剩余的 9 行洋葱每 3 行留 1 个宽 40 厘米的套种行，3 行洋葱之间行距为 20 厘米，每 3 行盖 1 个地膜。洋葱定植株距一般为 15～20 厘米，亩栽

12000～16000 株。在预留的套种行中番茄按株距 30 厘米定植，亩栽 3100 株，苗过大时可卧栽。一般可亩产洋葱 4000 千克，番茄 5000 千克。

11. 洋葱、无籽西瓜、青花菜套种栽培模式技术要点有哪些？

种植模式：洋葱 9 月中旬育苗，11 月中旬定植，翌年 5 月下旬收获；无籽西瓜 4 月中旬育苗，5 月中旬在洋葱地畦埂上套种，7 月底～8 月初收获；青花菜 7 月中旬育苗，8 月中旬移栽，11 月上旬收获。

栽培要点：洋葱选用泉州中甲高黄、紫星、豫艺紫冠等品种，9 月中旬播种育苗，苗龄 55～60 天，假茎粗 0.5 厘米，株高 20 厘米左右，长至三叶一心至四叶一心期。11 月上中旬定植，株距 14 厘米，行距 16 厘米，定植深度 1～2 厘米，每亩栽 2.6 万株，翌年 5 月下旬收获，每亩洋葱产量 6000 千克；无籽西瓜选用黑蜜 2 号、汴京 5 号等高产、抗病品种，4 月中旬采用小拱棚营养钵育苗，5 月中旬移栽无籽西瓜幼苗，每亩栽 600 株左右，株距 0.6 米，行距 2.2 米。无籽西瓜田必须间种二倍体西瓜作为授粉株，可选用台湾黑宝、抗病苏蜜等品种，与无籽西瓜同期育苗，生产上一般每 4 行间种 1 行二倍体西瓜，无籽西瓜一般坐果后 35 天左右成熟，每亩无籽西瓜产量 4000 千克。青花菜选用日本改良山水、绿岭、秋绿等高产、抗病品种，7 月中旬搭遮阳网育苗，8 月中旬幼苗 4～5 叶、苗龄 25～30 天时定植，株距 35 厘米，行距 65 厘米，每亩保苗 2700～3000 株，11 月上旬收获，每亩青花菜产量 1000 千克。

12. 黄皮洋葱、冬瓜、番茄套种栽培模式技术要点有哪些？

品种选择：黄皮洋葱选用抗病、丰产、球形好的早熟品种早春黄 3 号或日本极早生 2 号；冬瓜选用肉质致密、耐热性强、耐贮运早熟品种一串铃 4 号；番茄选用抗病虫、耐高温、耐贮运、商品性好的品种中杂 9 号或上海合作 906。

种植模式：洋葱于 9 月 5 日育苗，11 月 15 日定植，翌年 4 月底收获；冬瓜于 3 月 5～10 日阳畦育苗，4 月 15～20 日定植，7 月底拉秧；番茄 7 月 5 日左右遮阴育苗，8 月 5 日左右定植，10 月下旬收获结束。

种植规格：以 2 米为 1 个种植带，洋葱行株距 15 厘米×15 厘米，栽植洋葱 10 行，留空幅 50 厘米，套种冬瓜；冬瓜定植在洋葱空幅内，株距 33 厘米，栽植冬瓜 1000 株/亩左右；番茄采用小高垄定植，行株距 70 厘米×33 厘米，栽植 3000 株/亩左右。

13. 洋葱、辣椒、胡萝卜套种栽培模式技术要点有哪些？

通常每亩洋葱产量 5000 千克，辣椒 3000 千克，胡萝卜 5000～5500 千克。

品种选择：洋葱选用抗病、优质、丰产、抗逆性强、商品性好的品种，如紫皮洋葱、黄皮洋葱；辣椒品种选择抗病、丰产、中早熟、形状良好的青椒品种，如新丰 5 号、萧椒 10 号、湘椒系列品种；胡萝卜选用抗旱、耐瘠薄、抗逆性强、丰产性能好、色泽美观、不裂痕的七寸人参、透心红等品种。

种植模式：洋葱 10 月初小拱棚育苗，12 月下旬至翌年 1 月上旬定植，5 月收获；辣椒 3 月中旬直播于洋葱行间，6 月开始收青辣椒；胡萝卜 8 月中旬直播于辣椒行间，11 月中下旬收获，并可窖藏，窖藏春节前后产值可翻一番。

种植规格：洋葱幼苗长度 15～20 厘米定植，株行距（20～25 厘米）×（30～35 厘米）；当洋葱生长进入鳞茎膨大始期，于行间穴播辣椒种子，每穴下籽 3～5 粒，或用营养钵育苗，每钵 3～5 粒，定植株距 30～40 厘米，行距 30～40 厘米；8 月下旬于辣椒行间中耕松土，播种胡萝卜，定苗株行距 10 厘米见方。

⑭ 洋葱、大白菜套种模式栽培技术要点有哪些？

品种选择：洋葱选择抗抽薹、适应性强的紫星品种。

种植模式：洋葱 9 月底播种，11 月初定植，株行距 20 厘米，定植深度 3 厘米左右，翌年 5 月 20～25 日收获；大白菜 8 月初播种，当苗长到 8～9 片叶时按株距要求定苗，定植密度每亩 3000 株左右。

15. 洋葱与胡萝卜、冬萝卜套作栽培模式技术要点有哪些?

品种选择：应选择适销对路品种。洋葱选用白皮洋葱品种，胡萝卜选用黄萝卜品种，冬萝卜选用心里美、露八分等可秋季栽培的品种。

种植模式：每1.8米为一种植带，每垄高30厘米，畦内种植洋葱，株距10厘米，行距10厘米，密度6万～6.5万株每亩。在30厘米的垄两侧种两行黄萝卜，株距15厘米，密度2.5万～3.0万株每亩。待洋葱收获后，畦内再种上冬萝卜，行距25厘米，株距25厘米，密度大概1.0万株每亩。

16. 洋葱、毛豆、结球生菜套种栽培模式技术要点有哪些?

品种选择：洋葱选用日本七宝早生、大宝黄皮洋葱品种；毛豆选中熟类型毛豆品种，上海地区一般选台湾75、日本95-1、六月白等品种；早秋栽培结球生菜宜选耐热的雷达（Raider）等品种。

种植模式：洋葱于9月底播种，11月下旬定植，第2年4月下旬采收；毛豆于4月底直播，7月底～8月上旬采收；结球生菜于7月中旬播种，8月中旬定植，10月下旬～11月上旬采收。

栽培要点：洋葱上海地区于8月下旬播种，一般在11月中下旬定植，畦宽（连沟）1.8米，一般行距18～20厘米，株距12～15厘米，每亩栽1.4万～2.0

万株，定植深度以假茎基部入土 2～3 厘米为宜，翌年 4 月下旬采收，洋葱每亩产量 2500 千克左右；毛豆开沟筑高畦，畦宽（连沟）2 米，种 5 行，于 4 月底播种，行距 33 厘米左右，每穴播种子 3～4 粒，每亩栽 1.8 万～2.0 万株，7 月底～8 月上旬采收，每亩产量 600 千克左右；秋结球生菜播种期为 7 月中旬，8 月中旬当苗长至四叶一心时定植，按株行距 33～35 厘米见方栽植，每畦种 4 行，每亩种植 3800 株，10 月下旬～11 月上旬采收，每亩产量 1200 千克左右。

⑰ 甜瓜、西瓜、洋葱套种栽培模式技术要点有哪些？

种植模式：甜瓜 8 月下旬育苗，9 月下旬定植于温室，12 月下旬拉秧。西瓜 12 月中旬温室育苗，翌年 1 月中旬定植，4 月上旬拉秧。洋葱 2 月中旬温室育苗，4 月中旬定植，8 月中旬收获。

秋冬茬甜瓜：品种选用台农 2 号、川园 1 号，8 月下旬采用营养钵育苗。幼苗 3 叶 1 心时定植。整地起垄铺膜，垄宽 80 厘米，高 25 厘米，沟宽 40 厘米，株距 45 厘米，每垄定植 24～26 株。单蔓整枝，子蔓结果，在主蔓第 11～15 节处留结果子蔓，每条子蔓留 1 朵雌花，雌花开前留 1 叶摘心，坐瓜后，选留长相良好的瓜，其余子蔓和瓜全部摘除，一株留一果。

冬春茬西瓜：品种选用京欣 1 号、欣大，12 月中旬采用营养钵温室育苗，苗龄 35 天。整地起垄铺地膜，垄宽 80 厘米，高 25 厘米，沟宽 40 厘米，株距

50 厘米。双蔓整枝，主蔓为结果蔓，吊蔓垂直生长，副蔓为营养蔓，爬地延伸，根瓜及早摘除，第 10 节左右处留瓜授粉。坐瓜后，选留形状良好的果实，每株留 1 果，果实生长 20 天后进行吊瓜，成熟时午后采收为宜，防止裂果。

春茬洋葱：选用陕西紫头品种。2 月中旬温室育苗，4 月中旬定植，株距 16 厘米，行距 18 厘米，每亩栽植 2.3 万株，适当浅栽，深度一般为 2～3 厘米。

18. 洋葱、糯玉米、秋花菜套种栽培模式技术要点有哪些？

种植模式：洋葱 9 月中旬播种，11 月上中旬定植，5 月下旬收获；糯玉米 5 月上旬在洋葱田里套种，7 月中下旬收获鲜玉米穗；秋花菜定于 6 月中旬育苗，7 月中旬定植，9 月中旬收获。

每亩洋葱 5000～7000 千克，糯玉米鲜玉米穗 750～1000 千克，秋花菜 1500 千克。

栽培要点：洋葱于 9 月中旬育种，洋葱苗期 50～60 天，壮苗标准 3～5 叶，株高 12～15 厘米，茎粗 0.5 厘米左右，高畦栽培，畦宽 1.8 米，行距 17～20 厘米，株距 13～15 厘米，种植密度 2.0 万～2.4 万株每亩，糯玉米 5 月上旬在洋葱田套种，3500～4000 株每亩。秋花菜品种选择丰花 60、津品 60，当地适播期是 6 月中旬，苗龄控制在 25 天以内，具 4～6 叶及时定植，平畦栽培，行株距 45 厘米×40 厘米，3300～3500 株每亩，9 月中旬秋花菜开始收获。

19. 洋葱、西瓜、棉花套种栽培模式技术要点有哪些?

品种选择:洋葱选用耐贮运、抗病、质优、高产的早熟或中熟品种,要选用适合本地环境的当年采收的新种子。可选用红皮洋葱。西瓜选用早熟、抗病商品性好的杂交一代良种,如郑杂 5 号、华蜜 3 号等;棉花选用高产、优质、抗逆性较强的中熟春棉品种,如保铃棉 32B、杂交抗虫棉中 29 等。

种植模式:一般选择地势较高,肥力好,排灌管理方便,并且 2~3 年没种过葱蒜类的田块。洋葱套种西瓜,再套种棉花方式为 6-1-2 式,种植幅宽为 2 米,在 11 月上中旬,每栽 6 行洋葱(行距 20 厘米),预留 90~100 厘米的西瓜棉花空带,4 月上旬在预留行内套栽 1 行西瓜,西瓜先用地膜搭盖成小拱棚,到"谷雨"(4 月 20 日)前后落"天膜"成地膜,然后在瓜行两侧地膜内直播 2 行棉花,一膜两用。棉花行距 40~50 厘米,瓜行与两侧棉花行距离 20~25 厘米。

栽培要点:洋葱移栽前整地施足基肥,亩施腐熟优质土杂肥 3000~5000 千克,硫酸钾三元复合肥 40 千克,并用"绿亨 1 号"或"绿亨 2 号"处理土壤。移栽西瓜前预留行内要耕翻增施硫酸钾复合肥,亩用量 30 千克,饼肥 50 千克,做成宽 65 厘米的龟背形畦。洋葱育苗一般在"白露"前后进行。每亩大田需苗床 30~40 平方米,在 2 片真叶时间苗并拔除杂草,11 月上中旬移栽,苗龄 50 天,苗高 20~25 厘米,假茎在 0.4～0.7 厘米之间，要大小分级移栽。洋葱适于浅栽，深约 3 厘米。株行距为 20 厘米×10 厘米，亩栽 2 万株左右。西瓜一般在 2 月底至 3 月初播种育苗，4 月上旬、3 片真叶移栽，株距 45 厘米，每亩栽700 株左右，栽植后随即加盖小拱棚，棉花直播可用助壮素浸种，于"谷雨"前后西瓜拱棚落膜后播种，株距 40 厘米，每亩栽 2000～2200 株。

20. 红皮洋葱、夏莴苣、秋甘蓝高效栽培模式技术要点有哪些？

种植模式：红皮洋葱 9 月下旬播种育苗，12 月下旬移栽，翌年 5 月中下旬采收；夏莴苣 5 月中旬播种育苗，6 月下旬定植，8 月上旬采收；秋甘蓝 7 月上旬播种育苗，8 月上旬定植，国庆节期间开始采收上市。

红皮洋葱、夏莴苣、秋甘蓝套作，一般每亩可产红皮洋葱 5500 千克，产值 4500 元；夏莴苣 2500 千克，产值 2500 元；秋甘蓝 3000 千克，产值 3000 元。套作每亩年产值 10000 元，年纯收入 6500 元。

栽培要点：红皮洋葱 9 月下旬播种，一般气温18～28℃，按苗床大田比 1：（10～15）设置苗床，苗床应选择土壤肥沃、疏松、透水性强、前茬非葱蒜类的田块，每亩苗床播种量 2.5～3 千克。精细整地后按亩施复合肥（15-15-15）75 千克作基肥，播后用细土覆盖，播种深 2 厘米左右，播后苗前每亩用 48% 地乐胺 250 毫升兑水 30 千克均匀喷雾进行化学封闭除草，再覆盖麦秸或遮阳网防雨水冲刷和太阳直射，播后至苗前保持畦面湿润，对弱苗小田块，适当补施尿素培育壮苗。经过 45 天左右苗期，苗高 20～25 厘米，具 4～6 片叶，假茎粗 0.6～0.7 厘米时定植。

莴苣在播前进行浸种冷冻催芽，方法是用清水浸 24 小时，捞出洗净用纱布包好置于冷冻箱中，经过 −5～−3℃ 处理 24 小时，再将结成冰块的种子摊晾在屋内逐渐化开，3～5 天后当 80％ 种子露白时掺和适量细沙播种，秧田与大田比 1∶(10～15)，每亩大田用种 50 克，播后浅盖营养细土，平盖遮阳网，上方拱棚覆盖遮阳网。出苗后撤去平盖遮阳网，撒干细土稳苗，8∶00～17∶00 覆盖遮阳网，阴天可不盖遮阳网，暴雨前及时盖遮阳网，2～3 叶时逐步减少覆网时间，苗龄掌握在 30 天左右，莴苣 4～5 叶时移栽。

秋甘蓝育苗推广使用简易穴盘育苗，每亩需苗床 10～15 平方米，需种量 60～100 克。选用 72 孔穴盘，将种子进行浸种催芽，在种子 50％ 露芽时即可播种。播前需先通过熟化土壤、精细整地、施足基肥、浇足底水、土壤消毒。播种掌握在 10∶00 前或 16∶00 后，按每平方米用 50％ 多菌灵 10～15 克与床土混合撒施，2/3 铺于床底，1/3 作盖种土，盖种土厚 3 厘米左右，播后及时搭拱棚覆盖遮阳网或防虫网防阳光直射，也防害虫侵入。出苗前保持床土湿润，2～3 叶后每 3～5 天间 1 次苗，连续 2～3 次，去弱留壮，去小留大，每次间苗后浇 1 次水。育苗期间根据苗情雨情追施速效氮肥防秧苗老化。苗龄一般掌握在 30 天左右，达

7～8 片真叶，株高 20～30 厘米。

红皮洋葱实行保护地栽培，株行距一般掌握在 20 厘米×20 厘米，每亩栽 2.5 万～3 万株，在 5 月中下旬采收；莴苣定植需选择傍晚或阴雨天气突击带土移栽。一般作 2 米宽左右小畦，株行距 30 厘米×40 厘米，每亩栽足 4000～5000 株。当秋甘蓝 7～8 叶时即可定植，整地后作 1 米宽小畦，每畦栽 2 行，株行距 30 厘米×40 厘米，每亩栽足 4000～5000 株。

21. 洋葱、棉花、雪里蕻高效复种栽培技术要点有哪些？

种植模式：洋葱、棉花、雪里蕻高效复种栽培技术的推广，使广大群众获得了较高的经济效益，一般亩产红皮洋葱 5500 千克，产值 3500 元，棉花 120 千克，产值 1500 元，雪里蕻 2500 千克，产值 1000 元，合计亩年产值 6000 元。该模式对苏北沿海地区高效农业的发展具有指导意义。

模式特点：红皮洋葱于 9 月下旬播种，11 月下旬移栽，翌年 5 月中旬采收；棉花 4 月初播种，5 月中旬移栽，10 月上旬采收；雪里蕻 8 月中旬播种，10 月上旬移栽，11 月中旬采收，随后可再移栽洋葱或播种其他越冬作物。亩栽植 1800～2000 株，打洞移栽于红皮洋葱行间；10 月上旬在棉花大行中间栽插雪里蕻，行距 35 厘米，株距 25 厘米，每亩栽足 6000 株。

种植规格：3 米宽畦面，洋葱移栽 14 行，行距 20 厘米，株距 15 厘米，亩栽植 2.2 万～2.5 万穴；

棉花每畦 3 行，行距 95 厘米，株距 35 厘米，每亩栽植 1800～2000 株，开穴移栽于红皮洋葱行间；10 月中旬在棉花大行中间栽插雪里蕻，行距 35 厘米，株距 25 厘米，每亩栽植 6000 株。

22. 洋葱、糯玉米、大白菜高效栽培模式技术要点有哪些？

品种选择：洋葱品种多选用连葱 4 号、中生、地球、大红灯笼等中晚熟品种；春茬及夏茬糯玉米均选择抗逆性强、结双棒的品种，如京糯 2000、爱心糯、冬糯 1 号等；大白菜应选择早熟品种，实行早熟品种晚播，增加种植密度，每亩种植 4500 株左右，主要选用品种有京春黄、德阳 1 号等。

种植模式：洋葱、糯玉米、大白菜间套作，一年四季可高产高效栽培洋葱。洋葱每亩种 3 万株，可产洋葱头 6000 千克；每亩种糯玉米 4000 株，可产鲜棒 5500 个，春秋前后两茬共产鲜棒 1.1 万～1.2 万个；秋大白菜每亩种 4500 株，产量可达 12000 千克。每亩总计年种植效益 1.5 万～1.8 万元，比传统种植方式效益高 8～10 倍。

栽培要点：洋葱冀中南地区育苗时间一般在 9 月中旬，苗龄一般为 40 天左右，假茎粗 0.3～0.45 厘米。每种植 1 亩面积的洋葱一般需准备种子 150 克，每育成 1 亩洋葱苗，可栽种 10 亩的大田洋葱，需种量 1500 克。一般在 10 月下旬～11 月上旬定植，为防止洋葱先期抽薹，越冬前洋葱假茎粗应控制在 0.5 厘米以内。高畦栽培，做成畦宽 1.2 米、畦背宽 60 厘米、高 20 厘米的南北畦。每畦栽 9 行，行距 12 厘米，株距 12 厘米，每亩定植 3 万株左右。

糯玉米覆膜种植可提前 7～10 天上市，采用育苗移栽的可以先覆膜后打孔移栽，采用直播的打孔直播。覆盖地膜前可用 90％乙草胺乳油 40～50 毫升兑水 50 千克，喷洒地面进行除草，覆膜一般于移栽前 2 周约 4 月初进行。育苗移栽可在 3 月上旬用营养钵单粒育苗，一般在大棚进行，苗龄 25 天左右。4 月 10 日开始定植。直播在 4 月 20 日前后进行，每穴点 2 粒，移栽或直播均在畦背进行，每畦两行，行距 40 厘米，株距 20 厘米，每亩栽 4000 株左右。

在 8 月上中旬收获完洋葱后，整地施肥，做成宽 40 厘米、高 20 厘米的小高垄，实行单行栽培，垄间距 20 厘米。8 月 10～14 日播种大白菜种子，穴播，每穴点种子 10 粒，株距 30 厘米，当幼苗 4 片真叶时应进行第 1 次间苗，每穴均匀留 3 株，去除病残株，留健壮大苗；第 2 次间苗应在 6～8 片真叶时进行，拔除 2 株留下 1 株壮苗，也称为定苗。当大白菜结球成熟时，应及时不间断收获，大白菜叶球硬实即为收获期。

23 洋葱、生姜高效栽培模式技术要点有哪些？

茬口安排：洋葱 8 月下旬育苗，10 月下旬定植，翌年 4 月底收获；生姜 4 月初催芽，5 月初定植；西瓜 5 月下旬移栽。每隔 7 行生姜套种 1 行西瓜。生姜为耐阴作物，而西瓜生长可适当遮阴。该模式每亩产洋葱 4000 千克，生姜 4000 千克，西瓜 5000 千克，经济效益非常可观。

栽培要点：洋葱选用早熟、优质品种，如春宝、紫云。洋葱育苗方法：撒种后覆 1 厘米厚细土，然后盖地膜。种子拱土后在下午除去地膜；齐苗后小水灌溉，见干见湿；定植前 15 天适当控水，促进根系生长；幼苗 1～2 片真叶时，要及时除草、间苗，苗距 3～4 厘米。壮苗标准为苗高 15～18 厘米、茎粗 5～6 毫米、3～4 片叶，苗龄 50～60 天，健壮，无病虫。整地做畦，畦面宽度 1.5～2 米，长度 10～20 米，先浇水，后施除草剂，再覆膜。定植密度株行距 15 厘米×15 厘米，2.8 万株/亩左右。定植前先制 1 个木板，按照标准株行距在木板上定钉，使用木板钉在地膜上面打定植孔，然后定植。定植后浇水次数要多，每次数量要少，一般掌握的原则是不使秧苗萎蔫，不使地面干燥，以促进幼苗迅速发根成活。土壤封冻前视墒情浇水 1 次；年后返青浇第 1 次水，并追施尿素 90 千克/公顷，硫酸钾 75 千克/公顷；6 片叶时进入生长旺盛期，10 天左右浇水 1 次，追肥 2 次，每次饼肥 1200 千克/公顷，三元复合肥 150 千克/公顷；8 片叶时进入鳞茎膨大期，要肥水齐攻，6～8 天浇水 1 次；追肥 2 次，追肥量同上次。此后进入鳞茎膨大盛期，要及时浇水，视情况追肥，抑制花芽分化和抽薹。2/3 植株假茎松软，地上部分倒伏，下部 1～2 片叶枯黄，第 3～4 片叶尚带绿色，鳞茎外层鳞片变干，为采收适宜期。

生姜播种前用多菌灵浸种杀菌、晒种、选种，用编织袋困姜 2～3 天，复晒，以提高温度，促进发芽并减少姜块水分，防止腐烂。采用温床催芽时，先掰姜块。每块重 50～80 克，保留 1～2 个短壮芽，其余幼芽除去，当姜芽长 1 厘米时即可种植。生姜播种行距 50 厘米，株距 18～20 厘米，6000～7000 株/亩。定植时先开沟浇水，水下渗后，平放姜种，覆土。东西沟姜芽全部向南，南北沟姜芽全部向东。栽后施除草剂，地膜覆盖。6 月下旬除去地膜，防止高温危害。苗期需水较少，加之采用地膜一般不需浇水。随着植株生长和分枝增多，需水量相对增大，要及时浇水，保持土壤相对含水量为 70%～75%。生姜于苗高 30 厘米，有 1～2 个分枝时进行第 1 次小追肥，施尿素 150 千克/公顷，氯化钾 225 千克/公顷；立秋前后，生姜进入膨大期，需肥量相对较大，可追施饼肥 1200 千克/公顷、尿素 375 千克/公顷、氯化钾 375 千克/公顷；当姜苗有 6～8 个分枝时视情况追肥。每次结合追肥、浇水进行分次培土。

西瓜行定植株距 3 米×1 米，350 株/亩，主蔓 8～10 片叶时，出现子蔓 3～4 条，及时把蔓引向四面八方均匀分布，不整枝不打杈，保留孙蔓分枝。无籽西瓜枝蔓上最适宜坐瓜的长度为 1.3～2.5 米，因此常留下第二、第三雌花，摘除第一雌花；超过 2.5 米，仍然没有结果的，可在秧头留 1 个幼瓜，然后打掉秧头。定植后浇 1 次水，至团棵。伸蔓期控制浇水，防止徒长，花期一般不浇水；应在西瓜鸡蛋大小时浇第 1 次水，此时西瓜生长旺盛，需水量加大，第一果坐稳后 5～6 天浇第 2 次水，当果子拳头大小时 4～5 天浇 1 次，以后根据情况而定，保持土壤相对含水量为 75％左右。当瓜有鸡蛋大小时，结合第 1 次浇水追施饼肥 1200 千克/公顷、尿素 150 千克/公顷、硫酸钾 225 千克/公顷。进入膨大盛期，结合浇水追施饼肥 1200 千克/公顷，尿素 150 千克/公顷，硫酸钾 300 千克/公顷。气温 20℃以下，在 9～11 时授粉，气温 30℃以上，在 6～8 时授粉，并将分枝前端及授粉雌花放到枝蔓茂密的阴凉叶片下，利于花粉发芽和坐果。7～8 月陆续收获上市。

第五章

洋葱育苗技术

1. 洋葱育苗有什么意义？

① 使用育苗技术不仅可以缩短种苗生长期，还能提高土地利用率，从而增加单位的面积生产量。

② 使种苗能够提早成熟，缩短成熟周期，增加产量，提高经济效益。

③ 可以节约种苗，在一定程度上可以减少费用支出，增加收益。

④ 使用育苗技术可以进行异地育苗，促进育苗和栽培的农业发展。

⑤ 可以使洋葱种苗的生产高度集中，有利于洋葱产业的发展。

⑥ 在人为创造的良好生长环境下，可以提高种苗的生长质量，同时也有利于减少自然灾害及虫害的发生。

2. 洋葱育苗主要有哪些方式？

洋葱育苗主要有露地育苗、保护地育苗和洋葱仔球的培育等方式。

3. 洋葱露地育苗如何确定适宜的播种期和播种量？

适期播种是洋葱生产的关键。应根据当地的温度、光照和选用品种的熟性早晚而定，播种过早，幼苗过大，直径超过 0.9 厘米，易在冬季感受低温通过春化阶段而在翌年发生先期抽薹现象，降低商品率。播种过晚，幼苗过小，越冬能力差，定植后生长期推迟，茎叶生长量不够，使鳞茎不能充分膨大而降低产量和质量。一般情况下，应在当地平均气温降到 15℃前 40 天左右播种。华北地区在 8 月下旬至 9 月上旬播种；江淮地区在 9 月中下旬播种；东北地区在温室于 2 月中上旬播种，或在大棚于 3 月中上旬播种育苗。中熟品种比晚熟品种早播种 7～10 天，杂交品种比常规品种晚播 4～5 天。

在正常情况下，每亩洋葱，需育苗畦 80～100 平方米，用种 500～600 克。

4. 洋葱露地育苗应如何准备苗床？

苗床要选择 3 年内未种过葱蒜类蔬菜、土质比较肥沃的地块。前茬作物收后深翻整地，结合深翻施用有机肥料作基肥，基肥施用量按每亩 5000 千克腐熟圈肥，混合 50 千克过磷酸钙。耙平作平畦，畦宽 1～1.5 米，长 10 米。每畦都要取出部分畦土过筛堆放，备作覆土用。

⑤ 洋葱露地育苗如何进行浸种催芽？

葱类蔬菜种子在一般贮藏条件下寿命较短，因此，在生产上多使用当年新种子播种。可干籽播种，为促进种子萌发，加快出苗，也可进行浸种催芽。浸种是用凉水浸种 12 小时，捞出晾干至种子不黏结时播种；催芽是浸种后再放在 18～25℃ 的温度下催芽，每天清洗种子 1 次，直至露芽时即可播种。

⑥ 洋葱露地育苗如何进行播种？

播种方法一般有条播和撒播两种方式。

(1) 条播 先在苗床畦面上开 9～10 厘米间距的小沟，沟深 1.5～2 厘米，播后用笤帚横扫覆土，并将播种沟的土踩实，随即浇水。这种播种方法对沙质壤土最为合适。

(2) 撒播 畦内灌足底水，水渗后将种子均匀撒播，为保证播种均匀，可将 1 份种子与 10 份细砂掺匀后撒播，播后覆盖 1 厘米厚的细土，再均匀撒一层 0.2～0.5 厘米厚的细砂，防止畦面板结，降低出苗率。这种播种方法适宜壤土和黏质壤土。

一般每 100 平方米的苗床播种 600～700 克。苗床面积与栽植大田的比例，一般为 1∶（15～20）。

为防地下害虫为害，可在覆土前撒施一定量的辛硫磷颗粒剂，或畦面撒施毒谷或毒饵。

7. 洋葱露地育苗如何进行苗期管理？

发芽期要保持土壤湿润。播种后 2～3 天补水 1 次，使种子顺利发芽出土。幼苗出土需 10 天左右。以后每隔 10 天左右浇 1 次水，整个育苗期浇水 4 次左右。苗期中耕拔草 2～3 次，当苗高 10～15 厘米时，结合浇水追施氮素化肥和适量硫酸钾。

春播育苗定植前控水锻炼。秋播育苗应在土壤封冻前浇好防冻水，以全部水渗入土中，地面无积水结冰为准，而后用稻草或地膜等覆盖地面。冬前定植的幼苗应在寒冬来临以前定植，让幼苗充分缓苗，根系恢复生长后进入越冬期，以防冻死幼苗。同时也应浇好防冻水。囤苗越冬温度保持在 −7～1℃为宜。

培育适龄壮苗，既要防止幼苗长得过大，致翌年未熟抽薹，又要避免幼苗徒长细弱难于越冬。可以通过控制水肥，来控制幼苗生长。在育苗过程中不要急于间苗，须提防立枯病，直到生出 2 枚真叶后，在追肥之前再除草和间苗。每平方米的留苗密度为 650～750 株。如有蓟马、潜叶蝇为害，可喷灭蚜松防治。如葱蝇幼虫（蛆）为害，用敌敌畏灌根。

8. **洋葱秋播育苗幼苗越冬期如何管理？**

北方高寒地区，一般是秋天播种，翌年春季定植，因此，必须做好秧苗的越冬管理工作。各地可根据气候条件确定幼苗越冬方法。一般有以下几种方法：

① 苗床越冬 苗床越冬就是在原来播种的育苗畦内越冬。采用这种方法时应在土地封冻前（立冬后）于育苗畦的北侧加设风障，并浇灌 1 次"冻水"，水量要充足，畦面要有积水，深度不低于 2 厘米，第 2 天在育苗畦内先覆盖约 1 厘米厚的细土，以防畦面发生龟裂。此后，随着天气的变冷，在上面再分次覆盖碎稻草或豆类作物的碎枝叶等，覆盖厚度为 10～15 厘米，防寒保温。翌年春季温度升高后，除去覆盖物，幼苗即可返青，以备定植。如有条件，育苗畦可用塑料薄膜进行覆盖，在越冬期间必须将畦四周的薄膜压严，使之不透风，如果发现破损，必须及时修补或将破损处再另加覆盖。这种方法效果好，但成本高。该方式适用于冬季最低地温在 -10～-5℃ 的地区。

② 假植越冬 又叫囤苗越冬。冬季地温在 -10℃ 以下的地区，原地保护仍不能保证洋葱幼苗不受冻害，可在土壤封冻之前，将幼苗挖出囤放在风障北侧的浅沟内，用细土将四周封严。要防止假植不慎而使幼苗发热腐烂，或因覆土不严而使幼苗受冻。

挖苗要及时，过早挖苗温度高，囤苗后容易出现幼苗发热腐烂现象；过晚挖苗，土壤封冻后挖苗困难，容易损伤幼苗根系。囤苗地要选择高燥、遮阴的地方，防止日晒或低洼潮湿，主要是在风障背后或在其他背阴的地方。假植的方法是，在风障后面东西向开沟，深约 10 厘米，然后将起出的葱苗以向南侧倾斜 45°（或直立）在沟内密集摆苗，覆土时以不超过叶鞘顶部（五杈股）为准。假植沟之间应保持 5 厘米以上的距离，假植的宽度一般不超过 1.5 米。假植后要用土将四周堵严、踩实，不能透风，以免冻根。假植以后幼苗心叶还会缓慢生长，不宜立即盖土防寒，直到平均气温接近 0℃ 时，再在葱苗上面覆土防寒。此后，根据当地气候，分次覆土。

③ 窖藏越冬　在土地封冻前将葱苗起出，捆成直径 10～15 厘米的小捆，放进白菜窖或其他地窖中贮藏。如数量少时，可在窖内直立码放；如数量较多，则使根部紧靠稍潮湿的窖壁，码放的高度以 1～1.3m 为宜，码好以后可在周围盖些大白菜在贮藏中摘下的外叶，以防干燥。入窖初期要进行倒垛，防止受热。在整个贮期间需要倒垛 2～3 次，如发现腐烂，要及时清除。这种方法简单易行又便于检查，尤其在气候比较寒冷的地区，采用此法比在露地越冬更为安全。

④ 沟藏越冬　在风障背后，于立冬前后挖东西方向、深约 20 厘米、宽 30 厘米的贮藏沟。在土壤封冻前，将葱苗起出捆成直径 10～15 厘米的小捆，使根部与沟底接触，一捆捆密集码放在贮藏沟中。直到外

界温度降至－5～－3℃时，再向葱苗上面盖土。以后根据天气变化分期盖土，覆土厚度15～20厘米，或覆盖作物秸秆防寒，使沟内温度相对稳定在0～1℃即可。另据内蒙古自治区赤峰市的经验，熊岳圆葱的幼苗，采取沟藏的方法，在－7～－6℃的低温下也可安全越冬。

⑤ 小鳞茎贮藏越冬　在生长期极短的高纬度地区可采用此法。第一年4～5月播种，80～90天后，小鳞茎成熟。选直径2～2.5厘米的小鳞茎作翌年的播种材料。冬季将小鳞茎贮藏在－3～0℃的恒温库中，注意防止小鳞茎在贮藏过程中发芽和腐烂。翌年春，用小鳞茎代替幼苗栽植。

9. 洋葱的壮苗标准是什么？

越冬前有3～4片叶，株高12～15厘米，假茎横径0.5厘米左右。另外，翌春洋葱田内植株抽薹率控制在1%～5%。

10. 如何利用设施进行洋葱育苗？

高寒地区可利用日光温室、温床或阳畦等保护设施，在冬季或早春进行育苗，一般苗龄需要50～60天。具体操作过程和露地育苗基本相同。

（1）种子处理　与露地育苗相同，事先进行催芽。

（2）**播种** 日光温室和阳畦，应采取起土、浇底水的方法播种。如浇底水后土壤温度降到10℃以下，需密闭增温，待地温回升到10℃以上再行播种。温床育苗，酿热物以上的土层厚度不宜少于15厘米。为适应温床的特点，播种前可以适量浇水造墒，但忌大水漫灌。播种后，为使发芽整齐和土壤温度提高，要分次覆土。播种后覆土厚度约0.5厘米，此后在拱土和萌芽时再行覆土，总覆土厚度为1～1.5厘米。

（3）**温度管理** 在幼苗出土前，保护地内气温白天保持在20～26℃，不宜低于20℃；夜间最低温度不低于13℃。幼苗出齐后，应适当降温，防止徒长，白天可掌握在14～16℃，夜间保持在10℃左右，尽量不使最低气温降到8℃以下。

（4）**通风换气** 在幼苗长到3～4厘米高时，随着幼苗的继续生长，应逐步增加通风量。在定植前7～10天，加强通风锻炼，以备定植。

（5）**肥水管理** 根据土壤墒情，在秧苗拱土时如底墒不足，可先补水后覆土。出苗后，要使土壤经常保持湿润，但定植前炼苗时，要停止浇水。当幼苗10～15厘米高时，可结合浇水适量追施氮素化肥或复合肥；也可在每10升水中加入硝酸铵20克、硫酸二氢钾20克，溶解后浇灌。

（6）**光照时间** 保护地育苗，可以通过揭盖草苫的时间进行调节。据研究，在短日照下所培育的壮苗，可以增产8%～10%。

11. 洋葱利用仔球进行栽培有何优点？

　　培育仔球的目的，主要是为了避开不利于洋葱生长的气候条件，保证洋葱的正常生长。例如，高寒地区无霜期较短，培育仔球才能满足生长期的要求；台湾等亚热带地区，培育仔球可以避开盛夏高温和台风。此外，进行仔球栽培还可以提早收获和提高产量。

12. 高寒地区如何培育洋葱仔球？

　　高寒地区培育仔球的技术要点如下：

　　① 播种期多在 5 月中旬，平均温度在 10℃以上。

　　② 播种量每亩为 3.5～4 千克，最多也不宜超过 5 千克。

　　③ 采取撒播方式播种，力求均匀。

　　④ 生出第 1 真叶后，结合除草进行间苗，主要是间拔过密和生长较弱的劣苗，使每株幼苗能保持 16～22 平方厘米的营养面积。

　　⑤ 在幼苗 2 叶期以后，根据生长情况追施氮素化肥或磷酸氢二铵。

　　⑥ 幼苗生有 4～6 片真叶，小鳞茎直径有 1.5～3 厘米，即生长期达到 60～70 天时，为收获适期。

　　⑦ 收获的小鳞茎必须充分干燥后才能贮藏。在贮藏期间，夏、秋注意通风，冬季注意防寒，以免伤

风、受冻。

⑧ 翌年早春土壤解冻后尽早定植，早栽可促进根系发育。

13. **南方地区如何培育洋葱仔球？**

① 必须选用短日照生态型品种。

② 利用小棚在 2 月下旬至 3 月上旬播种。每亩需要培育仔球的面积为 40 平方米左右。如不采用小棚，则在头年 10 月上旬播种。

③ 播种后为促使出苗，土壤温度需保持在 10～18℃，如果土壤温度偏低，可临时覆盖地膜，在种苗拱土时及时撤掉，正常情况下，播种后 7～10 天即可拱土。

④ 在小棚内育苗，应注意防止立枯病，除注意选地外，在播种前，每平方米用 50％多菌灵可湿性粉剂 8 克与床土 10 千克拌匀配成药土。

⑤ 小棚育苗的温度管理指标，发芽前白天保持在 20℃以上，不宜达到或超过 30℃。发芽后应掌握在 15～25℃，如果最低温度低于 10℃，应加强夜间保温。白天超过 25℃，需进行通风。当外界气温日平均达到 15℃时，小棚可不再覆盖塑料薄膜，但不要撤掉，遇雨天时仍需覆膜防雨。

⑥ 幼苗生有 1～2 枚真叶时，结合除草进行间苗，使幼苗的营养面积保持在 12～15 平方厘米。及时间苗、除草和保持足够的营养面积，是培育仔球的一项

关键性措施。

⑦ 幼苗的生长标准：3 月下旬要求生有 3 枚真叶，株高在 10 厘米以上；到 4 月中旬生有 4 枚真叶，株高 20～30 厘米。在此期间，可根据生长情况适量追肥。

⑧ 为防止仔球在贮存越夏期间腐烂，可在采收前喷洒 50％多菌灵 1000 倍稀释液或 50％克菌丹 800 倍稀释液。

⑨ 当仔球直径达到 1.5～1.8 厘米，叶鞘部分已软但尚未倒伏时，即可采收（倒伏后收获的仔球休眠期长，不利于日后提早出苗）。对直径超过 3 厘米的大型仔球，要将叶片剪掉一部分，促使缩短休眠期。

采收的仔球，在田间晾晒半天或 1 天后，每 20～30 个捆扎成把，吊在屋檐下，或其他通风、凉爽的场所，以备日后定植。如有条件，采收后可在温室中以 30～35℃的高温处理 20 天左右，但仔球不要直接曝晒；然后在通风、凉爽的场所进行贮藏，这对定植后顺利出芽有一定的效果。

⑭ 洋葱苗遇冻害怎么办？

北方蔬菜产区突遇寒潮天气，温度骤然下降 10℃以上，大风和雨雪天气会对刚定植后处于缓苗期的洋葱苗带来毁灭性的打击，造成秧苗出现不同程度的冻死，特别是一些直径小、苗势弱的洋葱苗子更是死亡现象严重。主要应对措施如下：

① 查苗补苗　等到气温回升转暖后，及时到田间查看苗情，对于出现的冻死苗，无恢复生机的秧苗要果断铲除，补栽健壮的秧苗。对于死苗严重的，无法补栽的地块，可考虑毁茬，安排种植其他的作物，以降低损失。

② 适当推迟栽植期　还没有栽植洋葱苗的地块，可适当往后推迟栽植时间，等到气温出现明显的回升，无大降温天气时，选择气温较高的晴朗天气栽植。

③ 增温保温　对于已经栽植完洋葱苗的地块，可采取利用竹竿或竹片搭建小拱棚、上面覆盖棚膜的措施，提高田间的气温和地温，以促进秧苗根系的下扎，利于缓苗。对于还没有栽植秧苗的地块，可采取铺设双层地膜的方法，有条件的地方，还可在上面加盖小拱棚，提高和保持地温，等到温度回升时再定植，这样较高的温度有利于秧苗很快缓苗。

第六章

洋葱优质高产栽培技术

1. 洋葱主要有哪些栽培方式？

（1）育苗栽培 在无霜期少于 200 天，冬季最低温度在 －20℃ 以下的东北和华北地区，多采取保护地育苗，春季天气转暖后定植，或在夏末秋初进行露地育苗，通过贮藏，于翌年早春定植。在无霜期不少于 200 天、冬季最低温度在 －20℃ 以上的华北中南部、中原、华东和华中等地区，多采取秋季露地育苗，冬前定植，露地越冬，或在苗床越冬后于早春进行定植。气候偏冷的地区，也可将幼苗贮藏越冬。在我国冬季温暖、全年基本无霜的华南、云南南部和广西等地，则于晚秋育苗，定植后在冬季能继续生长，于翌年春季收获。

育苗栽培这种方式应用范围最广。其优点是可以有效地利用土地，生产高质量的产品。

（2）直播栽培 在宁夏回族自治区、甘肃省和新疆维吾尔自治区的部分地区，采取直播方式。直播栽培应选择沙壤土或壤土，事先秋耕、冬灌，翌年早春耙地保墒。播种前，结合犁地普施基肥（每亩施土杂肥 5000 千克），若农家肥不足，可酌情施磷酸氢二铵或尿素作为基肥。在春分前后，用 7 行播种机按 15 厘米行距，每亩播种量 1 千克左右，最多不超过 1.5 千克。生有 2～3 片真叶时，进行间苗和补苗，至 5 月底或 6 月初，按 13～15 厘米的株距定苗。除草、保苗是生产的关键，一般中耕 6～7 次。5 月中旬开始浇水并追施氮素化肥，以促使幼苗健壮生长。7 月中旬控水蹲苗（10～15 天），促使鳞茎肥大生长。此后，加强肥水管理，在收获前半个月停止浇水。一般在 9 月份田间发现倒伏时收获。每亩可产 2000～2500 千克，高产田可达到 4000 千克以上。

（3）仔球栽培 在高寒地区和亚热带地区，为了避免严寒、酷暑或台风等不利条件，或是为了提早收获、带叶上市，第一年培育直径约 2 厘米的仔球，于冬前或翌年早春再行定植，称作仔球栽培。

② **洋葱栽培中应如何整地施基肥？**

洋葱是浅根蔬菜，根群主要集中在 20 厘米深的土壤内、对土壤要求较高。因此，整地时要深耕，耕翻的深度不应少于 20 厘米。耕翻以后，撒施充分腐熟的农家肥，每亩 2500～3000 千克，每亩还可施用

25 千克过磷酸钙，与土壤混匀，而后再进行一次浅耕，使畦土细碎，结构疏松，有利于发根。如果整地不细，土壤板结，通气不良，会限制根系的发展，植株下部的叶片会提早萎蔫。洋葱田忌施未经腐熟的有机肥，以防止葱蛆为害。

3. **洋葱定植主要有哪几种方法？**

有两种方法，即干栽法和水栽法。

干栽法（不铺地膜）：按行距开沟，按株距摆苗的方法进行栽苗。开沟要深浅一致，最好是东西延长，这样把苗摆在沟的北侧（栽阳沟），封沟土向阳倾斜，以利于提高地温和发根，定植完毕立即浇水。

水栽法（平畦覆盖地膜）：在整地、施基肥和平整畦面以后，再施除草剂，然后浇水，当畦内水还没有完全渗下时覆膜，这样地膜被水层托住，既平展又不会被泥土沾污。地膜铺平后用铁锹顺畦埂四周将地膜边缘压进土中，深 6 厘米左右，这样既简便又牢固。幼苗在定植前将须根剪短到 1.5～2 厘米，以利于插苗定植，然后按预定的株行距用竹签等物穿膜打孔深 3 厘米左右，按孔插苗。

高畦覆盖地膜的，将地膜边缘埋压在畦沟中，待插苗定植完毕，在高畦基部按 50～60 厘米距离将地膜扎破，使畦沟内浇的水可以顺利地向高畦渗透。

④ **洋葱定植时期如何确定？**

洋葱的定植时期因栽培地区和品种而定。高寒地区露地越冬困难，需要在春季定植；华北中部、南部和中原地区、京津一带可在晚秋定植；华东、华中及其以南广大地区则在初冬定植。因早熟品种苗期生长较快但易老化，晚熟品种生长较慢但苗期长、不易老化，所以，在适期定植的基础上，早熟品种的定植期应稍早于晚熟品种。过早定植，冬前幼苗生长太大，会造成春季先期抽薹；过迟定植，冬前生长期短，根系不能充分发育，耐寒性降低，容易引起越冬死苗。

⑤ **洋葱定植时有哪些关键技术？**

（1）分级选苗　定植时要选取根系发达、生长健壮、大小均匀的幼苗；淘汰徒长苗、矮化苗、病苗、分枝苗、生长过大过小的苗。并按幼苗的高度和粗度分级，一般分为三级：一级苗高 15 厘米左右，粗 0.8 厘米；二级苗高 12 厘米，粗 0.7 厘米左右；三级苗高 10 厘米左右，粗 0.6 厘米左右。分级后可以把同样大小的苗栽种在一起，以便进行分类管理，促使田间生长一致。对小苗可以施偏肥。

为提高洋葱定植以后的发根能力，可在定植前 10～15 天对叶面喷 0.2%～0.4%磷酸二氢钾，这是因为磷素在植株中运输十分缓慢，从根到叶尖要用

3～4 天，而叶片喷磷在 1～2 小时后即可吸收转运。

（2）定植密度　洋葱植株直立，合理密植增产效果显著，是洋葱高产的关键措施之一。一般行距 15～18 厘米，株距 10～13 厘米，每亩栽植 3 万株左右。应根据品种、土壤、肥力和幼苗大小来确定定植的密度，一般早熟品种宜密，红皮品种宜稀，土壤肥力差宜密，大苗宜稀。要在保持洋葱鳞茎一定大小的前提下，栽植到最大密度。

（3）定植方法　有两种，即干栽法和水栽法，见前述相关内容。

（4）定植深度　洋葱定植的深度宜浅，适宜的深度以埋住茎盘、深约 1 厘米为宜。定植过深，不仅不利于发根、缓苗，而且对将来鳞茎的膨大生长也有影响；栽植过浅，植株容易倒伏，鳞茎外露，因日照后变绿或开裂而影响品质。沙质土壤可稍深，黏重土壤应稍浅，秋栽为了保墒、抗冻宜稍深些，即使深栽，也必须是叶鞘顶部（五权股）露出地面；春栽应略浅。

6. 洋葱定植后缓苗期如何管理？

洋葱定植后应尽快促进缓苗，及早形成一定数量和大小的功能叶片，制造和积累养分，这是提高洋葱产量和质量的基础。冬前定植者，缓苗后应控水蹲苗，促根壮秧，防止徒长，提高抗寒性，以利于越冬；早春定植者，前期气温、地温都较低，植株处于缓慢生长时期，要轻浇水、勤中耕促进缓苗，防止幼苗徒长，促进根系发育。一般是定植后灌 1 次水，5～6 天后灌 1 次缓苗水，并及时中耕除草，增温保墒。中耕的次数取决于土壤质地，偏黏的壤土中耕次数应多于沙质土壤。中耕深度宜浅，一般不超过 3 厘米，在行间可深些，靠近植株要浅些。

7 洋葱定植后叶片生长期如何管理？

缓苗后，植株进入叶片旺盛生长期，要加大浇水量，并顺水追肥 1～2 次，传统的追肥方法是以腐熟的厩肥为主，每亩追施 1000～1250 千克，如基肥未掺加磷、钾肥，可掺入过磷酸钙 25～30 千克和硫酸钾 10 千克。由于目前普遍覆盖地膜，不可能再追施农家肥，故可结合浇水每亩追施磷酸氢二铵 10～15 千克和硫酸钾 8～10 千克。此后再追施 1 次"提苗肥"，以保证地上部功能叶生长的需要。因为叶部营养体的大小与以后鳞茎的大小关系十分密切；前期促进叶部生长是为后期鳞茎的肥大生长奠定基础。提苗肥多以氮肥为主，每亩可追施腐熟人粪尿 1000 千克或硫酸铵 10～15 千克。

移栽缓苗后、杂草出土前，可用扑草净可湿性粉剂、二甲戊灵（除草通）乳油定向喷雾处理土壤；缓苗后杂草已出苗时，可在禾本科杂草 3～5 叶期，用烯禾啶（拿捕净）乳油喷雾。移栽洋葱生育期也可使用扑草净，但喷雾前要拔除大草。

114

⑧ 洋葱定植后鳞茎膨大期如何管理？

（1）水肥管理　随着气温上升，植株地上部生长减缓，小鳞茎增大至 3 厘米左右时，洋葱进入鳞茎膨大期。这个时期是洋葱产品器官形成的重要时期，也是水肥供应的关键时期，应做到肥足水勤，以促进鳞茎膨大。具体做法：当小鳞茎长到 3 厘米大小时顺水每亩追施硫酸铵 15～20 千克，2～3 天后灌 1 次清水。当葱头达 4～5 厘米大小时，再每亩顺水追复合肥 15～25 千克，两次施肥间隔 10～15 天，以后每 3～4 天灌 1 次水，以保持土壤湿润。在葱头收获前 7～10 天停止浇水，使洋葱组织充实，充分成熟，也有利于贮藏。如洋葱收获前继续灌水，虽能增加产量，但腐烂率明显增高。

催头肥应以鳞茎膨大生长中期为重点，在鳞茎刚开始肥大生长时不能过多追施氮肥，鳞茎膨大生长后期如果氮肥追施过量会发生"贪青"而影响采收。如果基肥中钾肥施量不足，在追施催头肥时应再增加 5～10 千克硫酸钾或氯化钾。在鳞茎膨大生长期，缺钾不仅会使产量降低，而且对产品的耐贮性也有一定影响。

关于氮素化肥种类的选择，硫酸铵、尿素比氯化铵效果好。硫是洋葱所含的芳香油类物质中的有效成分。再者，葱头在鳞茎肥大期对铵态氮的吸收表现为促进，而对硝态氮的吸收表现为抑制。

（2）**除薹** 在生产田中，发现先期抽薹的植株，应及早将洋葱薹连根除去，促进侧芽活动，使其仍能长成鳞茎，但所形成的鳞茎，在商品外观和耐贮性方面都有缺点。如果除薹过晚或只摘除花球，花薹继续消耗养分，会造成葱头减产，遇雨容易积水腐烂，不耐贮藏。

9. 洋葱越冬保苗方法有哪些？

洋葱在晚秋或初冬定植成活后，能否保护幼苗安全越冬、提早发根，是华北、华中广大地区洋葱能否增产或高质量的关键。现将主要措施分别介绍如下：

（1）**叶面喷磷** 定植前叶面喷磷，可促进根系发育，对洋葱尤为重要。这是因为洋葱从土壤中吸收和运转磷的过程十分缓慢，从根尖吸收后运转到叶部尖端大约需要 3～4 天，叶面喷磷在 1～2 小时后即可吸收运转。为了便于缓苗定根，在定植前 10～15 天对叶面喷洒 0.2%～0.4%磷酸二氢钾或磷酸二氢钠，可以提高定植后的发根能力。

叶面喷磷的时期，定植前比定植后好，以定植前 15 天叶面喷磷的效果最好，不论在新根发生数目和长度方面都有显著的增加。另外，大苗喷磷的效果比小苗好，这可能是叶部附着量有差别的缘故。

这项措施的效果十分明显，但在生产上的应用还不够普遍。为了提高幼苗缓苗速度与能力，这是一项有效而经济的方法。

（2）**植物生长调节剂浸根**　根据王习霞等试验研究，用40%商品乙烯利稀释300毫克/千克、赤霉素250毫克/千克、30%双氧水100毫克/千克和1.8%复硝酚钠水剂（爱多收）500毫克/千克，在定植前浸根半小时，取得了促进生长和明显增产的效果。

（3）**选苗与补苗**　大小不同的洋葱苗在越冬能力上差别很大。据试验，叶鞘粗度为4～6毫米的小苗，其越冬缺苗率为39%～82%，比大苗和中苗的缺苗率要高出1倍以上。单株平均鲜重2～4克的小苗，其越冬成活率为24%；而8～10克的大苗为77%。但鲜重10克以上的幼苗虽然成活率高，因容易发生早期抽薹，故不宜选用。一般认为，叶鞘直径6～7毫米、单株鲜重4～6克是大小适度的幼苗。翌年洋葱返青后，在浇水返青前要进行查苗、补苗。

（4）**浇冻水与覆盖防寒**　晚秋或初冬定植，冻水不能浇得过早或过晚，最好浇后土壤随即封冻而不再融化。不同地区和年份浇冻水会有早晚之别，如京、津地区是在大雪前后。要选晴天并在中午气温较高时浇灌冻水，而且不能过量，以水量充足且全部渗入土中、地表无积水结冰为准。比较寒冷的地区，可在畦面用堆肥、马粪、碎豆秸、麦秸或稻草等覆盖防寒。另外，利用地膜进行覆盖栽培，可提高保苗效果。利用废旧薄膜压在畦面防寒，也有一定效果。

⑩ 洋葱采收注意事项有哪些？

（1）洋葱的适时收获　洋葱收获季节，因栽培地区和品种不同而有早晚。上海、南京一般小满前后收获；河南、山东多在夏至前收获；北京、天津多数夏至为收获时期；东北各地一般在小暑至大暑收获。洋葱成熟的标志是：下部第1至2片叶枯黄，第3至4片叶尚带绿色，假茎变软并开始倒伏，鳞茎停止膨大进入休眠阶段，鳞茎外层鳞片变干。此时为收获适期，早收减产，迟收遇雨，鳞茎外皮破裂，不耐贮藏。在鳞茎肥大生长的后期，植株将在叶鞘的颈部倾倒，这是因为鳞茎内形成的鳞叶再没有新的叶片充实叶鞘而发生中空，当不能承担叶身重量时便发生倒伏。若遇到风雨或干热天气，会促使提前发生倒伏。倒伏是鳞茎趋于成熟的象征，从某种意义上说，是鳞茎将进入休眠的前奏，也是进行收获的标志。休眠期短、耐贮性较差的品种，收获期应适当提早，在倒伏植株达到30%～50%时及时收获。中、晚熟休眠期较长的品种，在自然倒伏率达到70%左右，第1、2叶已枯死，第3、4叶尖端部变黄时，是收获适期。

另外，还要考虑到当时的天气状况，最好是在收获后有几个晴天，以便进行晾晒，晒时叶子遮住葱头，只晒叶不晒头，可促进鳞茎后熟，外皮干燥，以利于贮藏。收获时还应尽量减少折断叶片和损伤鳞茎，便于以后编辫和减轻贮藏期因伤口感染而腐烂。收获时尽量不碰伤鳞茎，也不折断叶片，这样既便于编辫或扎捆，也可减少贮藏期间因伤口感染而导致腐烂。

（2）用抑芽丹处理洋葱 洋葱收获后，呼吸逐渐减弱，进入生理休眠。一般品种生理休眠需 40 天左右。由于我国夏季高温不利于洋葱营养生长，而使鳞茎处于强制休眠状态。一般进入 9 月后，由于气温逐渐降低，呼吸会重新加强，逐渐解除休眠而进入萌发期，使洋葱出芽。为了调节蔬菜市场淡旺季供应的矛盾，应人为地延长洋葱贮藏期限，除选用像熊岳圆葱一类耐贮的品种外，还可在洋葱收获前两周，用抑芽丹（MH）处理，可破坏植株生长点，抑制发芽，延长贮藏期。具体方法是：每亩用 0.25% 的抑芽丹水溶液 50～75 千克，在晴天喷叶。为增加黏着力，每 50 千克药液中加入 1.5 千克大豆浆或 0.1 千克合成洗衣粉。处理后的鳞茎可贮到来年 4～5 月份不萌芽。但在使用时应注意用药时间，当田间开始出现倒伏时喷，用药时间过早，鳞茎组织呈海绵状而失去商品价值；过晚或喷药后 24 小时内遇雨，则效果不良。用抑芽丹处理的鳞茎，生长点已被破坏，顶芽永不萌发，因而不能留种。

11 **洋葱贮藏前如何进行预处理？**

洋葱是比较耐贮藏的蔬菜，但如果贮藏方法不当，也会造成腐烂、干缩现象。准备贮藏的洋葱，应在收获前 10 天停止浇水，植株茎叶开始倒伏后，选择晴天连根拔起，摆放在场上晾晒 2～3 天，再翻晒 2～3 天。防止雨淋，叶子晒到发软变黄时编辫，一般 40～50 头为 1 辫，继续晾晒辫子，或把 6～7 个葱头捆成一把，干后准备贮藏。有的剪去叶子，葱头晾干后装筐存放。

12. 如何科学贮藏洋葱？

（1）垛藏 选择干燥通风的地方，用圆木或石块垫起高 30 厘米左右，宽 1.6 米左右的垛底，把充分晒干的洋葱辫成把，堆成 1～1.6 米高的垛，上盖 3～4 层席子，四周围 2 层席子，用绳子横竖绑紧，防止日晒雨淋，保持干燥，垛后封席初期，倒 1～2 次，每次下雨后均要检查，若有漏水，晒干后再盖好席子，天冷时加盖草帘保温。寒冷地区，当气温降到 0℃时，拆垛搬到屋内或仓库里继续贮藏，温度保持在－2～3℃。上市前放在 0～2℃温度下解冻。

（2）挂藏 小量贮藏时，可将充分晾晒好的洋葱辫，挂在屋檐或温室后坡下，保证通风、干燥，做到不雨淋。大量贮藏时，可搭挂在空屋里或在干燥处搭棚，设木架挂洋葱辫。

（3）坯藏 坯藏只限于少量贮藏，把充分晾干的洋葱混入细沙土和成泥，制成 2.5～5 千克重的土坯，晒干后堆在通风干燥的地方，注意防雨防潮。天冷时防冻，发现土坯干裂时，及时用潮土填补裂缝。

出口洋葱双膜覆盖栽培关键技术有哪些？

（1）品种选择 我国洋葱主要出口国为日本，出口洋葱一般选用黄皮品种，或由外商直接提供，现在日本市场深受欢迎的洋葱品种有 OP 黄、红叶 3 号、芙蓉六号、黄皮 4 号等。

（2）适期播种 洋葱一般在秋季育苗，冬前移栽，翌年春夏收获葱头。秋季播种早晚，对葱头的产量及商品性影响很大。播种过早、冬前生长期长，易形成大苗，通过春化引起先期抽薹，影响产量和品质；播种过晚，冬前生长量不足，幼苗弱小，耐寒力差，易受冻害，且来年无法满足鳞茎膨大对养分的需求，生产出来的葱球小，不能成为商品。黑龙江省以2 月上旬播种为宜，过早或过晚均不利于培育壮苗。播种时要适当稀植，以撒播为主，也可沟播。用种量以每亩大田用种 100～150 克为准，播种前苗床要浇足底水，播后用营养细土覆盖 1 厘米厚，同时加盖覆盖物遮阴保墒，并防止雨水冲刷。

（3）培育壮苗 播种后一般 7～8 天即可出苗，出苗 70％时应揭掉覆盖物，一般在傍晚进行。苗期要加强管理，防旱、防涝、防草害，土壤湿度不宜过大，要求见干见湿。秧苗黄弱时结合浇水，每亩施尿素 5 千克，同时用敌百虫防治葱蝇为害。齐苗后 5～7天喷 1 次 50％多菌灵可湿性粉剂 1000 倍液预防苗期病害。

（4）定植 洋葱忌重茬，定植地块每亩施腐熟有机肥 4000～5000 千克、磷酸氢二铵 50 千克、硫酸钾 30 千克，混匀撒施于地面，深耕细耙，做成平畦，畦宽根据地膜的幅度而定。

定植时间一般为 4 月上旬，定植前一次性浇足底水，用 33％二甲戊灵（施田补）乳油喷洒畦面防治杂草，然后盖上地膜，按 15 厘米×15 厘米的株行距在膜上打孔，每亩定植 20000～22000 株。定植时选择苗龄 50～60 天，径粗 0.6～0.8 厘米，株高 20～25 厘米，有 3～4 片真叶的壮苗，进行分级，先栽植标准大苗，后栽植小苗。栽植深度要适宜，以埋住鳞茎约 1 厘米为好，栽植过深鳞茎易形成纺锤形，商品性不好，且产量低，栽植过浅初春北方气温低，很容易受冻害，浇水时又易"漂秧"。

（5）定植后管理

① 浇水 洋葱定植约 20 天后进入缓苗期，由于定植时气温较低，因此不能大量浇水，浇水过多会降低地温，使幼苗缓苗慢。同时刚定植幼苗新根尚未萌发，又不能缺水。所以，这个阶段洋葱的浇水次数要多。每次浇水的量要少，一般掌握的原则是不使秧苗萎蔫，不使地面干燥，以促进幼苗迅速发根成活。

② 施肥 洋葱对肥料的要求，每亩需氮 13～15 千克、磷 8～10 千克、钾 10～12 千克。洋葱定植后至缓苗前一般不追肥，越冬后结合浇越冬水，每亩施人粪尿 1000～1300 千克，到春季返青时结合浇返青

水，再施一次返青肥。

③中耕松土　疏松土壤对洋葱根系的发育和鳞茎的膨大都有利，一般苗期要进行 3～4 次，结合每次浇水后进行；茎叶生长期进行 2～3 次，到植株封垄后要停止中耕。中耕深度以 3 厘米左右为宜，近植株处要浅，远离植株的地方要深。

④除薹　对于早期抽薹的洋葱，在花球形成前，从花苞的下部剪除，或从花薹尖端分开，从上而下一撕两片，防止开花消耗养分，促使侧芽生长，形成较充实的鳞茎。实践证明，对于先期抽薹的植株，采取除薹措施后，仍可获得一定的产量。

（6）病虫害防治　参见第七、八章。

（7）及时收获　当洋葱有 2/3 的植株假茎松散，地上部倒伏，下部一至二片叶片枯黄，第三至四片叶尚带绿色，鳞茎外层鳞片变干时，应选择晴天及时收获。收获时可将假茎留 2～3 厘米，以保证鳞茎的商品性和耐贮性。采收后必须晾晒 2～3 天，切忌随意堆放，碰伤葱头，造成贮藏期腐烂。

（8）出口标准与加工方法　合格洋葱应具有本品种形状和色泽。鳞茎坚实，无分球裂球，无霉烂变质或抽薹，无病虫为害，叶鞘及根切除适中，外皮薄而不脱落，适度干燥，没有沙土等异物附着，直径 8 厘米以上，或根据外商要求分级。

第七章

洋葱生理性病害及其防治

1. 洋葱氮素缺乏与过剩的主要症状是什么?

氮素不足,生长受抑制,先从外叶开始黄化,严重时会枯死;但根系仍保持生活力。在植株的营养体叶和鳞茎形成的初期,对氮素的要求较高,这时也是需要氮素的关键时期。进入鳞茎形成期后,如氮素供给不足,会使鳞茎生长不良,外形瘦长,甚至肥大生长期生长受到遏制,不能充分发挥固有的丰产能力。反之,如果氮素吸收过剩,则叶色深绿,发育进程迟缓,叶部贪青使之延迟成熟,而且容易感染病害。一般土壤中氮素在 $30 \sim 60$ 毫克/千克就容易发生生理障碍。因为当氮素供给过多时,由于鳞片水溶性氮积累过多,就会表现出缺钙,也就容易发生心腐(内部鳞片缺钙而腐烂)和肌腐(外部鳞片腐烂)。

2. 洋葱磷素缺乏与过剩的主要症状是什么？

磷对洋葱幼苗期的发育十分重要，可能直接影响株高和叶数的增加，甚至根系也会因缺磷而发育不良。在鳞茎肥大生长期缺磷，会造成减产。如果磷素吸收过剩，则鳞茎外部的鳞片会发生缺钙，内部鳞片会发生缺钾，鳞茎盘表现缺镁，于是肌腐、心腐和根腐等生理病害则由之发生。

必须指出的是，一旦出现缺磷的症状后再向土壤追施磷肥已无济于事。因此，必须事先在基肥中配加磷肥；或用磷酸二氢钾液喷洒叶面补肥，作为应急措施。

3. 洋葱钾缺乏的主要症状是什么？

苗期缺钾并不表现出明显的症状，但对以后鳞茎的肥大生长会有影响。在鳞茎肥大生长期缺钾，不仅容易感染霜霉病，还会降低耐贮性。一般在洋葱植株达到最大高度后应适当控制氮肥而增施钾肥，以满足洋葱生长发育的需要。

4. 洋葱钙缺乏与过剩的主要症状是什么？

钙吸收不足，则根部和生长点的发育机能会受到影响，组织内的碳水化合物也会降低，从而影响鳞茎的生长和品质，这也是导致发生心腐和肌腐病的直接原因。若钙吸收过量，会导致微量元素的失调。

5. **洋葱镁缺乏的主要症状是什么？**

缺镁的症状是嫩叶尖端变黄，继而向基部扩展，以至枯死。如发现缺镁，可在叶面喷洒 1% 的硫酸镁溶液，2～3 次后即可收到显著的效果，但这种方法仅是应急措施。

6. **洋葱硫缺乏的主要症状是什么？**

缺硫导致叶片变黄，生长不良。另外，硫是维生素 B 族和二烯丙基硫化物的成分之一，这足以说明洋葱需要一定的硫。施用硫酸根化肥，可以收到一举两得的效果。

7. **洋葱铜缺乏的主要症状是什么？**

洋葱缺铜鳞茎外皮薄、颜色淡。采取每亩施用 8～22 千克硫酸铜的措施后，鳞茎外皮增厚，颜色转浓，鳞茎紧实。

8. **洋葱硼缺乏的主要症状是什么？**

洋葱缺硼叶片弯曲、生长不良，嫩叶发生黄色和绿色镶嵌，质地变脆；叶鞘部分发生梯形裂纹。鳞茎则表现疏松，严重时发生心腐病。叶面补硼可喷洒 $0.1\%\sim0.3\%$ 的硼酸溶液。在土壤中补硼，每亩可施用硼砂 1 千克。施用过量或施用不匀会发生烧根，应予以注意。

⑨ 洋葱先期抽薹的发生原因是什么？

所谓洋葱先期抽薹，就是指洋葱鳞茎还未达到食用成熟期前即抽薹的现象。先期抽薹不仅会使洋葱产量降低、质量变劣，还会严重影响洋葱产品的外观，给菜农增收带来不利影响。引起洋葱先期抽薹的原因：

① 低温　低温是诱导洋葱花芽分化的主导因子，多数品种在 $2\sim5$℃的低温下即完成春化，达到抽薹的温度标准。

② 茎粗　田间调查结果显示，当洋葱幼苗叶鞘基部的茎粗达 0.6 厘米以上时，就可通过春化作用，形成花芽而抽薹开花；而当幼苗茎粗小于 0.5 厘米时，即使遇到低温条件也形不成花芽，不能通过春化作用，因此不能抽薹开花。可见茎粗过粗时会导致先期抽薹。

③ 低温时间　不同品种对低温的感受能力不同，通过春化所需天数也不尽相同。一般北方品种在 $2\sim5$℃下经历 $80\sim100$ 天就可完成春化。而当洋葱幼苗茎粗大于 0.5 厘米时，幼苗绿体越大，通过低温春化

作用阶段所需低温时间就越少。

另外，洋葱花芽分化与光照关系不太明显，在弱光下比在强光下所需低温时间稍长。同时，因肥料、土壤水分以及生长点的营养水平不同使洋葱对低温的感应情况存在一定差异。水肥充足，植株营养物质积累多时，易通过春化阶段。

⑩ 如何防止洋葱先期抽薹？

（1）选择不易抽薹品种　选择耐抽薹、冬性强的栽培品种是生产上控制洋葱先期抽薹的重要措施。不同品种对低温和长日照的反应存在一定差异。引种时应根据不同地区选择对低温要求不太严格的品种，以免遭受先期抽薹的损失。根据实践引自日本的红叶3号、大宝、西葱1号等品种不易抽薹。山东当地一般选择红绣球等优良品种。另外，在选择不易抽薹品种的同时，决不能忽略其他经济性状。

（2）掌握最佳播期　适期播种不仅是预防洋葱抽薹的关键措施，也是高产的关键所在。各地都有适宜播种期，这是长期生产实践经验的积累，应当遵守而不能盲目改变。秋播育苗如播种过早，幼苗生长期长，第二年就可能发生早期抽薹。如果为了避免早期抽薹而过晚播种，幼苗弱小，耐寒能力弱，容易被冻死。生产上要根据不同品种的特性和当地的气候特点，把播种期安排在适宜范围内，既要使幼苗在冬前有足够的生长期，以获得优质壮苗，又不能使幼苗超过绿体春化所必需的临界大小。鲁西南地区适宜播期是 8 月底至 9 月上中旬。一般大田早期抽薹率在 10% 左右。

（3）播种密度要适宜　播种过稀，单株营养面积过大，苗期追肥过多，都会使秧苗生长过旺；播种过密，秧苗生长细弱不利于越冬。单株秧苗营养面积以 4～5 平方厘米为宜，育苗田亩用种量为 4.5～5 千克。

（4）育苗期不应过度控制　在育苗过程中，通过控水等措施使幼苗老化以后，虽然大小适当，但它比正常苗的早期抽薹率高。例如，据赖俊铭研究：从 8 月 25 日、9 月 4 日和 9 月 14 日三个不同播种期的幼苗中选出同等大小的幼苗（叶鞘粗 6～9 毫米）进行春栽，其早期抽薹率分别为 8.8%、3.2% 和 0.4%，差异极为显著。故此，在适期播种的前提下，稍微延迟 3～5 天，在育苗过程中通过肥水管理，培育适龄壮苗是可取的。

（5）精选秧苗　秧苗分级定植，是防止先期抽薹的重要环节。幼苗过小时定植，先期抽薹率虽然降低了，但长出的鳞茎个体小，产量低；当茎粗在 0.5～0.6 厘米之间时，虽然有少量的植株抽薹，但鳞茎个体大，产量高；当幼苗茎粗在 0.7 厘米以上时，先期抽薹率大幅增多：因次，生产上不宜选用过小或过大的秧苗定植。一般认为具有 3～4 枚真叶、株高约 30 厘米、叶鞘直径 6～7 毫米、单株鲜重 4～6 克的幼苗为大小适度的幼苗。但在具体品种间，还要有所区别。例如，熊岳圆葱冬性较强，不易发生早期抽薹，对幼苗标准可以掌握得高些，而一般地方品种未经过严格选种，纯度较差，则应将掌握的标准压低些。

（6）适期定植壮苗　定植时适宜的壮苗标准一般是苗龄 90 天，幼苗有 3～4 片叶，苗高 18～24 厘米，假茎粗度不超过 0.6 厘米。通常 11 月下旬至 12 月上旬，日平均温度达 12℃时为洋葱的定植适期。

（7）合理浇水施肥　越冬前肥水过重，洋葱幼苗生长旺盛，便会引起早期抽薹和分蘖（分球）。如果第二年春季返青后再控肥、控水，更会对花芽分化起促进作用，从而加重先期抽薹现象的发生。因此，越冬期间不提倡浇水追肥，春节过后应肥水猛攻，连追 3 次肥，即 3 月中旬追第一次，4 月中旬追第二次，5 月上旬追第三次，每次每亩追施硫酸钾复合肥 25～35 千克，以促其营养生长旺盛，抑制生殖生长，降低抽薹率。冬前幼苗徒长往往也能加重先期抽薹，所以越冬期间一般不浇水施肥。

（8）合理处理抽薹植株　在生产中发现早抽薹的植株时，应及时摘除花薹，摘除后还可形成鳞茎，而采薹过晚会造成减产。处理抽薹植株时往往采用劈薹法，以促进侧芽萌动，由侧芽长成新的植株，并形成充实的鳞茎，只是新形成的鳞茎个体小些而已。

（9）合理化控　据田间试验，用 0.25% 乙烯利或 0.16% 抑芽丹（青鲜素）在幼苗期或花芽分化后进行喷洒，对抑制先期抽薹有一定作用。但这项措施现在仍处于试验阶段。

（10）预防暖冬为害　苗期遭遇暖冬天气往往也

会加重洋葱抽薹。遇到暖冬年份，要着重控制越冬期间的肥水供应，避免洋葱秧苗冬前过度生长。开春后及时浇水追肥，促其快速生长，从而控制生殖生长，降低抽薹率。

（11）摘蕾、摘薹 对田间发生早期抽薹的植株进行摘蕾或摘薹（这是一项比较消极的措施）后，仍可形成鳞茎，但所形成的鳞茎在商品外观和耐贮性方面都有缺点。

总之，克服早期抽薹的基础是培育具有不易抽薹特性，而且适应某些地区气候条件的优良品种。在此基础上，与适期播种、合理施肥等措施相配合，以求达到杜绝早期抽薹的目的。

⑪ 造成洋葱腐烂的原因及防治方法是什么？

（1）病害造成的腐烂 洋葱经常发生的病害是软腐病（细菌性病害）和茎腐病（真菌性病害）。这两种病害是造成洋葱腐烂的主要原因。

防治方法：①注意轮作，忌与葱蒜类作物重茬。栽培地尽量深耕 30 厘米，以利于根系生长发育，提高植株抗病力。②施用充分腐熟的肥料，防止肥料带菌。③尽量垄作。④生长期控制氮肥施用量，氮、磷、钾肥要配合施用。⑤鳞茎形成期注意及时排水，避免长期积水。⑥及时防治虫害，避免造成伤口。⑦发病前用 72% 的农用链霉素 4000 倍液、50% 的琥胶肥酸铜可湿性粉剂 500 倍液与 72% 的霜脲氰·锰锌可湿性粉剂 600 倍液、氟硅唑（福星）乳油 8000 倍液交替喷施。

（2）虫害造成的腐烂　地老虎、金针虫、地蛆等地下害虫为害洋葱后造成的伤口，很容易使霉菌侵入发生霉烂，同时造成侵染性病害的发生。

防治方法：除了灌药防治外，应喷施灭多威等药剂防治虫害。

（3）缺素造成的腐烂　由于早春地温低，土壤中铵态氮积累过多，影响钙、钾、镁等元素的吸收，造成因缺少上述元素的生理性病害发生。生长期施用氮肥过多，也会造成上述元素的缺乏。上述元素的缺乏，会造成叶缘失绿、叶尖干枯，同时鳞茎的外部及内部的鳞片也会发生干枯、腐烂。

防治方法：栽培中应注意氮、磷、钾肥的配合施用。生长期可根外追施钾肥及 0.2% 的硝酸钙液，以补充钾、钙元素。

（4）雨水、积水造成的腐烂　洋葱生长后期叶鞘松动，空隙较大，田间的积水过多会浸入倒伏植株的叶鞘内，雨水会浸入未倒伏植株的叶鞘中。上述因素均会造成鳞茎腐烂。

防治方法：应注意排水，并及早收获。

12. 洋葱黄化干枯的原因及防治方法是什么？

（1）病害造成黄化干枯

① 真菌性病害　主要有灰霉病、霜霉病和紫斑

病。采取综合方法防治真菌病害。

② 细菌性病害　主要是洋葱软腐病。其症状为上部叶片（外叶或心叶）黄化，下部鳞茎处具有明显的水渍状腐烂，具有恶臭味。防治要点：a. 避免连作。b. 追肥时避免撒到心叶处。c. 注意消灭地下害虫。d. 浇水时忌大水漫灌。e. 化学防治可采用72%农用链霉素可溶粉剂3000倍液或58%增效瑞酮600倍液喷施。

（2）虫害引起黄化干枯　当洋葱受到种蝇的幼虫（地蛆）、红蜘蛛、蓟马严重为害时，则表现为黄化，叶片扭曲，后期干枯。防治要点：①提早深耕土地，施用腐熟肥。②诱杀种蝇成虫，采用糖1份，醋1份，水2.5份，加少量敌百虫，放入容器中，均匀摆在田间。③化学防治，成虫可选2.5%高效氯氟氰菊酯2000倍液，或20%氰戊·马拉松（菊马）乳油3000倍液，幼虫可采用50%辛硫磷800～1000倍液灌根。防红蜘蛛可选用73%炔螨特2000～3000倍液。

（3）生理性黄化干枯

① 干旱引起黄化干枯　在洋葱生长过程中如果不及时浇水，特别是土壤沙质且有机肥少时，易出现上述现象。防治要点：a. 增施有机肥。b. 根据洋葱的不同生育期需水情况，进行适时，适量浇水。c. 营养生长期必须保证水分充足。

② 酸性土壤引起黄化干枯　适宜洋葱生长发育的土壤pH接近中性。当有机肥较少却大量施用硫酸铵、过磷酸钙时，土壤酸化，引起洋葱生长缓慢、细

弱，外叶黄化干枯。防治要点：a. 增施有机肥。b. 用pH 试纸测定土壤的酸碱度，根据测定情况加入适量的石灰。c. 减少酸性肥料的施用。

③ 高温和冻害引起黄化干枯　洋葱栽培时夏季的高温会出现黄化型叶烧症和白变型叶烧症。如遇到低温时叶子变白。防治要点：a. 如遇高温应浇水降温。b. 注意防止低温冻害。

④ 缺肥和过量引起黄化干枯　a. 缺肥症：氮肥不足，易从下部叶子开始黄化枯死；钾肥不足，叶片易从叶鞘部位折断，后期表现为黄化干枯。b. 缺素症：缺钙中心叶黄化，部分叶尖枯死。缺镁外部叶子会黄化干枯。缺硼中心部嫩叶黄化且生长受阻。c. 过剩症：硼过剩从叶尖开始枯死。锰过剩嫩叶轻微黄化，外部叶黄化干枯。

防治要点：a. 根据症状合理补充。b. 缺素症可采取叶面喷微量元素叶肥的方法解决。c. 喷微肥时不要加大浓度，且要喷雾均匀。

（4）药害引起黄化干枯　通常在使用杀虫剂或杀菌剂时，由于加大药剂的使用浓度，从而使洋葱发生药害，出现大面积黄化枯死现象。防治要点：①科学掌握药剂浓度，合理配比。②喷雾时要喷均匀，间隔天数不得少于 3 天。③如发生药害可喷 0.05% 的"绿风 95" 500 倍液，或磷酸二氢钾 500 倍液，并加强管理、减轻药害。

（5）有毒气体危害引起黄化干枯　大棚生产密闭条件下，长期施用硫酸铵、氯化铵和硝酸铵等固体肥料，就会产生气体危害。当土壤碱性时，会出现氨害；当土壤酸性时，会出现亚硝酸气体危害。出现氨气危害时，叶尖干枯的部分变为褐色；出现亚硝酸气体危害时，则叶子由黄变为白色。防治要点：①注意通风。②增施有机肥，少施铵态固体肥料。③发生气体危害时可喷 0.05％的"绿风 95" 500 倍液，隔 7 天 1 次，连续 2～3 次，可减轻危害。

⑬ **洋葱分权、分球的原因和防治方法是什么？**

一般洋葱很少分蘖，一株结一个葱球，但如果定植大苗、徒长苗、分蘖苗，成活以后很可能出现分权，这些分蘖苗将来也会结球，形成 2～3 个较小的洋葱，降低商品率。也可能种子不纯，其中杂有分蘖洋葱，自然会出现分球。

防治方法：选用纯度高的种子，定植时淘汰徒长苗、分蘖苗及大苗，选择生长一致的壮苗，成活后出现的分权苗可人为掰去留下一苗。

⑭ **洋葱裂球、变形球的原因和防治方法是什么？**

洋葱鳞茎膨大结束，如遇连续干旱，突然降雨或灌水，细胞组织吸水膨胀产生外力而出现开裂。因此洋葱成熟时要及时采收，采收前禁止灌水，雨后及时排水。

变形球，即指生长后期出现的不规则形的葱球。

栽植过深，地温偏低，到后期不"倒苗"又出现"返青"的植株，多容易产生变形球。因此定植不宜过深，不倒的苗可人工"倒苗"抑制其生长。

15. **洋葱引种时应注意哪些事项？**

洋葱鳞茎形成期对温度和日照有严格的要求。北方的中、晚熟品种，在高温 14 小时以上的光照时间鳞茎方能膨大；南方的中、早熟品种，在高温 13 小时内的日照条件下才能形成鳞茎。所以北方品种引入南方后，在短日照条件下，鳞茎不能膨大，只长叶片；而南方品种引入北方后，则鳞茎膨大太早，表现更早熟，因叶片不发达，以致葱头太小，产量不高。所以洋葱引种时应注意从同纬度地区引种。

16. **畸形洋葱的产生原因是什么？**

洋葱生长异常现象在生产中时有发生，表现为洋葱鳞茎呈"双胞胎"或"多胞胎"及抽薹开花，不能充分膨大，严重影响产品质量和产量。

洋葱畸形原因主要有以下几方面：

（1）气候原因 洋葱是典型的幼苗春化型二年生植物，其幼苗长到一定大小后（茎粗达 0.7 厘米左右就进入感受低温影响的临界期）才能对低温起反应，此时如果出现冷空气入侵或气温偏低，就会造成幼苗的营养生长转向生殖生长，如果低温时间过长，则发生春化而抽薹开花，如果气温偏低，则表现为不完全春化而引起鳞芽异常分化，出现"双胞胎"或"多胞胎"现象。如1998年新疆花果山洋葱产区就是由于气温偏低、雨水偏多，加上冷空气的入侵出现洋葱生长异常，几乎绝收。

（2）种子原因　异地种子因其产地的环境条件与引种地的差异，对引种当地的低温和日照长短反应不同，往往表现为冬性弱的品种对低温反应敏感，幼苗稍遇到低温就有抽薹现象出现；冬性强的品种幼苗稍大才能感受低温而抽薹开花，没有本地种子适应性强。

（3）播期不当　洋葱属绿体春化型植物，播种过早造成苗龄过大、幼苗过大，超过绿体春化所必需的临界大小，容易出现春化或不完全春化现象，造成鳞茎生长异常。

（4）营养失调　灌水偏多，氮肥过量，就会致使幼苗过大，延迟或抑制鳞茎的形成，在低温季节还会出现抽薹开花，氮肥不足，土壤干旱，造成幼苗生长过弱，植物体内碳水化合物和氮的比值增加，提早进入生殖生长，出现抽薹开花。

（5）地蛆危害　地蛆危害严重，致使洋葱生长过弱，鳞茎生长延迟。

（6）栽植深度　栽植过程中往往出现栽植过深或过浅而导致鳞茎生长发育不良的现象。栽植过深易导致叶部生长过旺，鳞茎部增粗，鳞茎过小且易畸形；栽植过浅，植株易倒伏，鳞茎外露，日晒后变绿干裂。

17 畸形洋葱的防治方法有哪些？

洋葱栽培目的在于获得肥大的鳞茎，应选择适于当地日照和温度条件的品种，掌握适宜的播种时期，增加栽培密度，才能更好地防治生长异常现象。

（1）严格选择品种 生产中最好选择本地优良品种，如需引种，应根据品种对低温和日照长短的反应，尽量选择对低温要求严格的优良品种。

（2）确定适宜播种期 应根据品种特性和气候特点正确选择播种时期，伊犁地区秋播为 9 月下旬至 10 月上旬；春播为 3 月下旬至 4 月上旬。

第八章

洋葱主要病虫害
的诊断与防治

1. 洋葱紫斑病的识别和防治方法是什么?

本病发生普遍。北方地区多在 5～6 月份发病,华南地区发病期为 4～5 月份。严重发病时可影响鳞茎生长和种子质量。

(1) 田间诊断 该病主要危害叶片和花梗,也可危害鳞茎。危害初期呈水浸状白色斑点,病斑扩大快,迅速形成宽 1～3 厘米、长 2～4 厘米纺锤形的凹陷斑,先为淡褐色,随后变为褐色至暗紫色,周围具有黄色晕圈。此后,有的逐渐褪色并形成同心轮纹。湿度大时,斑面上产生黑褐色煤粉状霉。如病斑围绕叶或花梗扩大,可使之从病斑处折断。鳞茎多在颈部发生,病部皱缩,变成淡红色或黄色,潮湿时也产生霉状物。本病特征是病斑呈纺锤形,上部及下部细长,病斑颜色较深,很少发生全叶枯死,以此与霜霉病相区别。

（2）**发病规律** 该病在南方地区多以分生孢子形式在葱类作物上辗转为害。北方寒冷地区以菌丝体形式在寄主体内或病残体上越冬后，产生分生孢子，借气流、雨水传播，经气孔、伤口侵入。发病条件为温暖多湿，低于20℃则不发病。葱蓟马刺吸的伤口是病菌侵入的门户，故此，蓟马严重发生的地段此病也较严重。

（3）**防治方法** 此病菌半腐生性强，发病严重的地段应与非葱类作物实行3～4年轮作。因病菌可附着在种子上传播，可选用50％福美双、50％多菌灵、50％甲基硫菌灵可湿性粉剂按种子重量的0.4％进行药剂拌种。在发病初期，可选用75％百菌清可湿性粉剂、70％代森锰锌、40％敌菌丹可湿性粉剂、58％甲霜·锰锌500倍液，或50％异菌脲可湿性粉剂1500倍液喷雾。如有葱蓟马同时为害，可在上述农药中选择能与2.5％溴氰菊酯乳油或20％氰戊菊酯乳油混用的药剂喷雾，以兼治葱蓟马。

2. 洋葱霜霉病的识别和防治方法是什么？

霜霉病是为害洋葱的一种主要病害，流行性强，且各地普遍发生。

（1）**田间诊断** 根据环境条件和发病时期的不同，可分为第一次侵染（系统侵染）和第二次侵染。第一次侵染发生在秋季苗床或早春定植田中，冬季菌丝发展，翌年春季出现病斑。幼苗感病后生长不良，叶无光泽，叶身扭曲。春季转暖后病斑扩展快，并可为害新生叶。当空气湿润时，病斑生出稀疏的白色或灰紫色霉状物。病株作为发病中心继续蔓延，形成再次侵染。

该病主要为害叶部和采种株的花薹。症状表现有以下 5 种类型：

① 叶片被害部位的表面覆有淡紫色绒状霉；

② 叶部发生长卵形或椭圆形淡黄绿色病斑，表面长出白色或灰紫色霜霉，经雨水冲刷后病斑变为灰白色，叶片枯死；

③ 产生大小形状不同的黄色病斑，但不着生霉状物；

④ 椭圆形病斑周围有宽 2～3 毫米、稍凹陷的灰白色圈带；

⑤ 在持续干旱的条件下，出现灰白色小型病斑。后期往往在病部又被灰霉病、黑斑病等半腐生菌侵染而产生灰色或黑色霉状物。鳞茎受害后，外部鳞片变软、皱缩，有时混发软腐病。本病的特征为病斑较大、长椭圆形、黄白色，雨后病斑变为灰白色，潮湿时病斑上长出稀疏白霉，高温时长出灰紫色霉。

（2）发病规律　病原菌为真菌。病菌以卵孢子附着于病残体或种子或在土壤中越冬，翌年春天萌发，经气孔、伤口或直接穿透表皮侵入，潜育期 1～4 天。发病适温为 24～27℃，低于 12℃ 则不发病。湿度大时，病斑上产生孢子囊。孢子囊成熟后借气流、风雨、昆虫等传播，进行再侵染。空气相对湿度 95％ 以上，气温 15℃ 左右为流行季节。一年主要有两次发病高峰以 4～5 月发病最重。低温多雨和重雾天气病害加重。地势低洼、排水不良、过分密植、重茬地种植、植株生长不良及大水漫灌时发病也较重。

（3）防治方法

①选择地势较高，易排水的地块种植，并与非葱类作物实行 3 年轮作。②收获后清洁田园，把病叶集中起来烧毁或带出田园深埋以减少初侵染来源。③加强田间管理，切忌大水漫灌，雨后及时排水，降低土壤含水量及空气湿度，以减少病害和控制病害蔓延。④栽洋葱时应选用健壮秧苗，淘汰病苗。⑤用种子重量 0.3% 的 35% 甲霜灵拌种，或用 50℃ 温水浸种 25分钟，再浸入冷水中，捞出晾干后播种。⑥苗剂防治：发病初期及时喷药，用 75% 的百菌清可湿性粉剂600 倍液、50% 琥铜·甲霜灵可湿性粉剂 800～1000倍液、64% 噁霜·锰锌可湿性粉剂 500 倍液、72.2%霜霉威水剂 800 倍液、40% 灭菌丹可湿性粉剂 400 倍液、70% 代森锰锌可湿性粉剂 500 倍液、58% 甲霜·锰锌可湿性粉剂 500 倍液、40% 的三乙膦酸铝可湿性粉剂 200～300 倍液，每隔 7～10 天喷药一次，连喷2～3 次。各种药剂轮换使用。

3. 洋葱锈病的识别和防治方法是什么？

（1）田间诊断 主要发病部位是叶和花薹，很少在花器上发病。发病初期病部表面稍凸出，中心带有橙黄色的病斑，以后表皮破裂散出橙黄色粉末即夏孢子堆和夏孢子；秋后的疱斑变为黑褐色，破裂后散发出暗褐色粉末即冬孢子堆和冬孢子。

（2）发病规律　病原菌为真菌，北方以冬孢子在病残体上越冬；南方则以夏孢子在葱蒜等寄主上辗转为害或在活体上越冬，翌年夏孢子随气流传播进行初侵染和再侵染。夏孢子萌发后从寄主表皮或气孔侵入，萌发适温为 9～18℃，高于 24℃，萌发率明显下降。潜育期 10 天左右，春、秋两季多雨，气温较低，发病重。肥料不足，植株生长不良，发病亦较重。

（3）防治方法

① 收获后清除遗留在田间的病残体，消灭越冬菌。

② 多施有机肥，增施磷钾肥，使洋葱生长健壮，提高植株抗病。发病严重处，提早收获。

③ 药剂防治。在发病初期可用 25％三唑酮可湿性粉剂 2000～3000 倍液或 50％萎锈灵乳油 700～800 倍液或 15％三唑酮（粉锈宁）可湿性粉剂 2000～2500 倍液或 65％代森锌可湿性粉剂 500～600 倍液，或 1∶1∶200 的石灰等量式波尔多液喷洒，几种药剂可交替使用，7 天喷 1 次连续防治 2～3 次。

④ **洋葱菌核病的识别和防治方法是什么？**

这种病菌主要为害洋葱，主产区连作地病情严重，常造成减产，感病后的洋葱不耐贮藏。

（1）田间诊断 叶片发病时，初期为水浸状，而后变为淡褐色或灰白色，病斑形状不定，最后变白破裂，叶片枯死下垂。剖开病叶，里面有白棉絮状菌丝体。在潮湿条件下，病部散生先为乳白色至黄褐色，最后变为黑色的小菌核。种株的花梗上也产生同样病症，从病部折断下垂。该病以病部产生黑色小菌核与其他病害相区别。

（2）发病规律 属子囊菌亚门核盘菌属洋葱核盘菌。病原菌的菌核在病残体上或土壤中存活时间较长。春季在多湿条件下形成子囊盘和子囊孢子，借气流传播。菌核也可产生菌丝进行初次侵染，以后以菌丝扩大传染。一般 4～5 月和 10～11 月间易发病，在重茬、排水不良和生长较弱的情况下发病较重。

（3）防治方法 此病菌半腐生性强，发病严重的地段应与非葱蒜类作物实行 3～4 年轮作。因病菌可附着在种子上传播，可用 50％福美双可湿性粉剂、50％多菌灵可湿性粉剂或 50％甲基硫菌灵可湿性粉剂，按种子重量的 0.4％进行药剂拌种。在发病初期，可喷洒 75％百菌清可湿性粉剂、64％噁霜·锰锌可湿性粉剂、70％代森锰锌可湿性粉剂、40％敌菌丹可湿性粉剂、58％甲霜·锰锌可湿性粉剂兑水 500 倍，或 50％异菌脲可湿性粉剂兑水 1500 倍。如有葱蓟马同时为害，可在上述农药中选择能与 2.5％溴氰菊酯乳油或 20％氰戊菊酯乳油混用的，以兼治葱蓟马。

5. 洋葱黄矮病的识别和防治方法是什么？

（1）田间诊断　多在露地育苗阶段发病，主要表现为生长缓慢甚至基本停止生长，植株明显矮缩。叶片畸变呈波状或扁平状，并出现黄绿色花斑或黄色条斑。

（2）发病规律　病原物为病毒，在病株或鳞茎内越冬，由蚜虫传播。苗期高温、干旱，有翅蚜虫迁飞多，或附近有葱蒜类蔬菜时，发病早，受害重。早春早播病轻，晚播病重。低洼地、氮肥过多时病重。

（3）防治方法　实行轮作，不要在葱蒜类蔬菜栽植地、菜种地育苗；育苗期及栽苗时拔除病株；春季育苗应适当早播，若有蚜虫，应在苗床上覆盖尼龙纱等防蚜；病害发生初期喷洒 1.5% 烷醇·硫酸铜 1000倍液或 20% 盐酸吗啉胍乙酸·铜（病毒 A）可湿性粉剂 500 倍液，隔 7~10 天再喷施第二次药液。

6. 洋葱灰霉病的识别和防治方法是什么？

灰霉病不仅在田间为害叶鞘、花薹和小花梗，也是贮藏和运输中的主要病害。

（1）田间诊断　田间发病，主要为害叶鞘、花梗及鳞茎颈部，形成淡褐色的病斑，内部腐烂，潮湿时病部长满灰色粉状霉。若在叶尖发病，先为白色椭圆形斑，直径 1~3 毫米，病斑不断扩大，能连成片而使葱叶卷曲枯死，湿度大时可发生灰霉。在花薹和小花上的病症，与叶尖发病相同。贮藏期发病，先在颈部出现舟式凹陷的病斑，而后变软，呈淡褐色，鳞片间有灰色霉层，后期产生褐色小菌核。鳞茎感病后常被软腐病菌再次侵入，导致腐烂、发臭。此病以高湿条件下发生灰色霉层、后期病部产生黑褐色小菌核为特征，可与炭疽病和软腐病相区别。

（2）发病规律 病原属于半知菌亚门的葱腐葡萄孢菌，致病力最强，此外，还可从病株上分离出葱鳞葡萄孢菌和葱细丝葡萄孢菌。遗落于田间的病残体和土壤中的菌核可较长期地存活。初次侵染后在病斑上再产生大量分生孢子，借气流、雨水或灌溉水传播。从伤口侵入后，再蔓延到鳞茎的颈部。低温、高湿是发病、流行的条件。收获前遇雨，收获后不能充分晾晒，也会导致发病。

（3）防治方法

① 农业防治 选择地势平坦、土质疏松透气性好的壤土地块进行栽培；合理密植，加强肥水管理，科学施用氮、磷、钾肥，增强植株抗病能力。

② 田间管理 雨后及时排除田间积水；收获后及时清除田间病残体，并集中销毁。

③ 药剂防治 发病初期可用50%腐霉·百菌清可湿性粉剂800～1000倍液喷雾防治，田间普遍发病时可用50%腐霉利可湿性粉剂1000～1500倍液＋75%百菌清可湿性粉剂600～800倍液、50%异菌脲悬浮剂1000～1500倍液、50%乙烯菌核利可湿性粉

剂 1000～1500 倍液、50％ 多菌灵可湿性粉剂、50％甲基硫菌灵可湿性粉剂 500 倍剂、75％ 百菌清可湿性粉剂 600 倍液等防治，每隔 7 天交替喷药 1 次。连治 2～4 次。因病原菌极易产生抗药性，故应轮换用药。

7. **洋葱炭疽病的识别和防治方法是什么？**

炭疽病主要发生在南方地区，除田间发病外，在贮藏过程中仍可继续发病，若防治失时，会造成较大的损失。

（1）田间诊断 叶部初生近梭形淡褐色至褐色斑，后轮生许多小黑点，由于病斑的发展，可使病斑以上的部分枯死。鳞茎感病时，开始先在外侧鳞片或颈部下方发生淡褐色斑纹，扩大后连接成大病斑，上面轮生黑色小粒点。侵害嫩鳞片时，则先出现黄色凹陷小斑，而后扩大呈圆形病斑。病部可深入内部，引起腐烂。此病的特征是轮生的黑色小粒点会突破表皮，用放大镜可看到黑色刚毛，湿度高时，可产生乳白色孢子堆。

（2）发病规律 病菌随病残体在土壤中存活也可附在被害鳞茎上越冬。翌年春暖高湿时产生分生孢子可借雨水或地面流水传播。在多雨年份，尤其在鳞茎生长期阴雨连绵或排水不良的低洼地，发病较重。

（3）防治方法 洋葱白皮品种感染炭疽病较重。有色洋葱品种鳞茎的外皮含有儿茶酚，可以抵制病菌侵染，故栽培时应选用抗病品种。与非葱蒜类作物实行 2～3 年轮作。进入雨季前用 50% 福·福美或 50% 甲基硫菌灵可湿性粉剂 500 倍液，40% 多·硫悬浮剂或 75% 百菌清或 50% 甲基硫菌灵可湿性粉剂 600 倍液，或 1∶1∶(160～240) 等量式波尔多液进行预防。一旦发现中心病株，要拔除并销毁，可每隔 5～7 天喷 1 次药液，连续防治 2～3 次。

8. 洋葱软腐病的识别和防治方法是什么？

软腐病在洋葱大田和贮藏期均可发生。我国南方地区发病较重。

（1）田间诊断 田间多在鳞茎膨大期发病。在外叶下部产生灰白色、半透明的病斑，使叶鞘基部软化而倒伏，鳞茎颈部出现水浸状凹陷，不久鳞茎内部腐烂，汁液溢出并有恶臭。贮藏期多从鳞茎颈部开始发病，手压病部有软化感，鳞片呈水浸状并流出白色带有臭味的汁液。本病的特点是鳞茎颈部呈水浸状凹陷，并引起腐烂发臭。

（2）发病规律 病原菌为胡萝卜软腐欧氏杆菌。病菌在病残体和土壤中长期腐生。借流水传播，从伤口侵入。葱蓟马和种蝇等昆虫也可传病。低洼地、基肥腐熟不充分造成烧根和收获期遇雨等均为该病诱发条件。

（3）防治方法

① 轮作倒茬 切忌与葱、蒜、韭菜等百合科以及

大白菜、甘蓝、马铃薯、胡萝卜等作物连作，轮作年限要在 3 年以上。

② 无病土壤育苗　选择无病地块、给苗床消毒、忌用生粪和氮肥过多，浅浇水是培育壮苗的关键。

③ 定植前鳞茎处理　在病害常发地区，定植前对洋葱鳞茎进行药剂处理，有助于减轻发病。用 77％氢氧化铜（可杀得）悬浮剂 1000 倍液，72％农用链霉素或新植霉素 4000 倍液，于定植前将鳞茎浸泡 30 分钟，捞出沥干后定植。

④ 定植后药剂灌根　移栽后用 50％辛硫磷乳油随水浇施、灌根，用溴氰菊酯乳油喷雾，可防治洋葱地种蝇传播病害。

⑤ 药剂防治　发病初期选用 77％氢氧化铜悬浮剂 1000 倍液、50％琥胶肥酸铜可湿性粉剂、72％农用链霉素（或新植霉素）4000 倍液、14％络氨铜水剂，7～10 天喷 1 次，连喷 2～3 次，可有效控制病害发生。

⑥ 推广高畦栽培　由于洋葱软腐病原细菌主要随遗落病残体在土壤中越冬，田间通过风雨、灌水、施肥或蝇、蓟马等虫害活动多种途径传播，低洼地、连作地、徒长植株易发病，推广高畦栽培可有效预防该病发生。

⑨ 洋葱黑粉病的识别和防治方法是什么？

在较冷地区发生，一旦发生会年年发病，还会使韭葱等作物感病。因此，该病不容忽视。

（1）田间诊断 主要在 2～3 叶期的幼苗上发生。当病苗长至约 15 厘米时，叶微黄，第一、第二叶稍有扭曲、萎蔫。仔细观察叶及未膨大生长的鳞茎上，可发现有银灰色、稍隆起的条斑，严重时条斑变成肿瘤状，表皮破裂后散发出黑褐色粉末。本病的特征是感病后期为银灰色泡状肿瘤，内部充满黑褐色粉末，与其他病害相区别。

（2）发病规律 病菌属担子菌亚门条黑粉菌属。病菌的厚垣孢子可在土壤中长期存活，是初次侵染的来源。种子发芽后 20 天内，病菌从子叶基部等处侵入，以后再产生厚垣孢子，借风雨及流水传播。播种后气温在 10～25℃时发病，20℃为发病适宜温度，超过 29℃不发病。

（3）防治方法

① 实行 2 年以上轮作，用生茬地育苗。

② 选用 15 厘米以上无病苗栽植。

③ 使用充分腐熟的有机肥。

④ 发现病株及时拔除，病穴以 1∶2 的石灰、硫黄粉混合消毒，用量为 10 千克/亩。

⑤ 用种子量 0.2％的 50％福美双拌种。也可用 40％福尔马林 50 倍液浸种 10 分钟后，冲洗干净，催芽播种。播种前，先用 40％福尔马林 50 倍液喷洒床面，每平方米用稀释药液 75 毫升。或在播种前按 1 克每平方米用 50％福美双可湿性粉剂处理苗土。

10. **洋葱黑斑病的识别和防治方法是什么？**

（1）田间诊断　初发病时，在叶片和花茎上形成黄白色小圆斑，而后扩展较快，边缘处为黄色晕圈，内部为黑褐色，或病斑相连仍保持椭圆形。发病后期，病斑上密生黑色短绒状霉菌并具有同心轮纹。鳞茎多在临收前发病，初发时呈水浸状，而后病斑上生出霉层而变黑。

（2）发病规律　病原菌为真菌，寒冷地区，病菌随病残体在土中越冬，以子囊孢子进行初侵染，靠分生孢子进行再侵染，借气流传播蔓延。在温暖地区，病菌靠分生孢子辗转为害。该菌是弱寄生菌，长势弱的植株及冻害或管理不善易发病。

（3）防治方法　此病多在梅雨季节发病，尤其长势弱的植株更易染病，故须加强田间管理和做好排水工作。在发病初期，可喷洒 75％百菌清可湿性粉剂 600 倍液、50％异菌脲可湿性粉剂 1200～1500 倍液，或 64％噁霜·锰锌可湿性粉剂 500 倍液。一般隔 7～10 天再喷药，最好按期喷药 3～4 次。

11. **洋葱颈腐病的识别和防治方法是什么？**

多发生在鳞茎的成熟期或贮藏期。除洋葱以外，也可侵染其他葱蒜类蔬菜。

（1）田间诊断　生长期间染病，在叶鞘和鳞茎的顶部，出现淡褐色病斑，内部组织腐烂，潮湿时有灰色霉层。贮藏期间，在鳞茎顶部及肩部出现干枯、稍凹陷病斑，变软，淡褐色，鳞片间有灰色霉层。后期有黑褐色小菌核。

（2）发病规律 此病主要是由葱腐葡萄孢菌感染所致。病原菌以菌丝体和菌核随病残体在田间越冬，或随鳞茎在贮藏场所越冬。分生孢子随气流传播，从伤口侵入。低温高湿条件下利于发病。收获期遇雨，鳞茎表皮未干，贮藏地湿度较大，都容易发病。

（3）防治方法

① 选择黄皮或红皮抗病品种。

② 实行与非葱类作物 2 年以上轮作。收获后及时清除残体。

③ 采用配方施肥技术，切忌施用氮肥过多，引起徒长而诱发染病。浇水时不可大水漫灌，雨后注意排水。

④ 适时采收，及时晾晒。收获后充分干燥后再贮藏。

⑤ 发病初期可喷施 50％灭霉灵可湿性粉剂 800 倍液、50％腐霉利可湿性粉剂 1000～1500 倍液或 75％可湿性粉剂 600 倍液、45％噻菌灵（特克多）悬浮剂 3000 倍液、50％多霉威可湿性粉剂 1000 倍液、40％多菌灵胶悬剂 800 倍液或 70％甲基硫菌灵可湿性粉剂 1000 倍液，每隔 7～10 天喷 1 次，连续喷 2～4 次。

12. 洋葱茎线虫病的识别和防治方法是什么？

（1）田间诊断 植株矮化，新叶产生淡黄色小斑点。鳞茎顶部与叶片基部变软，外部鳞片渐次干枯脱落，最外层的肉质鳞片撕裂呈白色海绵状。病部常有其他病菌再侵染，发生腐烂，并伴有臭味。

（2）发病规律 病原物为线虫，以卵、幼虫、成虫在土壤、病残体、病鳞茎中越冬，幼虫也可附着在种子上越冬。

（3）防治方法 实行 2～3 年轮作；清洁田园，收获后清除病株残体；选用无病鳞茎留种；留种鳞茎采用温水浸种，杀死线虫，可用 45℃ 温水浸 1.5 小时，或用 43.5℃ 温水浸 2 小时；用二氯丙烯进行土壤消毒处理，一般每亩用药剂 3 千克。

13. 洋葱干腐病的识别和防治方法是什么？

（1）田间诊断 在整个生长期均可发病。发病初期下部叶片黄化，继而萎蔫。在生长旺盛时，可沿侧面延伸到鳞茎盘呈软腐状。如果天气干旱，病斑干死后变紫；湿度大时，则在软腐病斑上发生白霉。

（2）发病规律 以厚垣孢子越冬后，产生分生孢子，靠水流传播从伤口侵入。高温高湿、田间积水环境和洋葱有害虫伤口时最易发病。

（3）防治方法 防治该病主要从预防入手，如避免田间积水沤根，防止施肥烧根和及早除治种蝇幼虫（蛆）等为害。贮藏期注意调整空气相对湿度，将湿度控制在 70％ 以下。发生种蝇产卵时，要及时喷洒 50％辛硫磷乳油 1000 倍液或 25％喹硫磷乳油 1000 倍液，最好根据种蝇预测预报，把种蝇杀灭在产卵前。

14. **洋葱白腐病的识别和防治方法是什么？**

（1）田间诊断 幼苗及成株的叶片、鳞茎和花薹均可发病。最初叶片先端变黄，继而向下蔓延。在鳞茎和不定根上生出茸毛状白色菌丝，随后呈水浸状而腐烂，后期在菌丝层中产生芝麻粒大小的黑色菌核。本病的特征是：地上部的外观似生理病害，拔出后在不同发病时期会看到水浸状病斑、白色菌丝层或已产生菌核。

（2）发病规律 以菌核在土壤中长期存活，可借灌溉和雨水传播，长出菌丝侵染寄主。在 20℃ 以下发病较重，故多在春末夏初多雨时发病。不同品种之间，抗性差异不明显。

（3）防治方法

① 轮作倒茬 发病重的地段应与非葱蒜类作物实行 3～4 年轮作。加强田间检查，发现病株及时拔除并烧毁。

② 种子处理 播种前用相当于种子重量 0.3％ 的 50％异菌脲可湿性粉剂拌种。

③ 田间管理 加强田间检查，发现病株及时拔除

并烧毁。

④ 药剂防治　在拔除田间病株后，再用 50％甲基硫菌灵 600 倍液，或 50％异菌脲可湿性粉剂 1000 倍液灌根。此外，也可用 20％甲基立枯磷乳油 1000 倍液喷布植株及畦面。

15. **洋葱红根腐病的识别和防治方法是什么？**

（1）田间诊断　主要为害洋葱的根，植株染病后根及根茎部初为粉红色，后逐渐腐烂，干缩死亡，新根不断染病，也不断地干枯。地上叶片从底部老叶向上不断发黄干枯死亡，鳞茎小，但鳞茎内无明显病变。

（2）发病规律　病原物为洋葱棘壳孢红根腐菌，属半知菌亚门真菌，分生孢子器球状、散生，其孔口周围生多数刚毛；分生孢子梗线形、细长，基部分枝具多个分隔；分生孢子单胞无色，表面光滑，直圆柱形。

病菌以分生孢子器和菌丝体随病根在土壤中越冬，翌年产生大量分生孢子经雨水或灌溉水及昆虫传播，从根部或根茎部伤口侵入，对洋葱的根进行危害。一般 5 月上中旬当温度达 22～24℃时进入发病盛期，洋葱收获后，随病残体留在土壤中越夏成为第 2 年的侵染源。

（3）防治方法

① 轮作倒茬，最好 2～3 年洋葱轮作 1 年小麦，

最长连作不要超过 5 年。

② 采用无菌地育苗或床土消毒，每平方米床面用 50%多菌灵可湿性粉剂 8～10 克，加细土 4～5 千克 拌匀，先将 1/3 药土撒在畦面上，然后播种，再把其 余药土覆在种子上。

③ 收获时清除病残体，带出田外深埋。

④ 当地下害虫发生时要及时防治，每亩可用 50%辛硫磷乳油 450 毫升随浇水冲施。

⑤ 加强管理，尽量不要在低洼地种植洋葱，施用 熟的有机肥或酵素菌沤制的底肥，定植时要少伤根，雨后及时排水严禁大水漫灌。

⑥ 春季发病初期，一般在 4 月中下旬，可用 20%二氯异氰尿酸钠（菜菌清）可溶粉剂或 50%多菌 灵可湿性粉剂 800～1000 倍液喷雾，隔 7～10 天 1 次，连喷 2～3 次。

16. 洋葱枯萎病的识别和防治方法是什么？

（1）田间诊断 青苗染病，首先叶片一侧变色。不久全叶变色，萎蔫而枯死。根部褪色，变细。鳞茎 的根盘部及外侧，有 1～2 片鳞片褐变，上面生有白 色霉层。轻症者地上部位生长不良，叶片弯曲。收获 期的病株，根盘和鳞茎下部出现病斑，根部褐变枯 死，白色霉层以根盘为中心扩散，病株易拔出。架藏 的洋葱，也从根盘部发病，呈灰褐色。鳞片基部呈灰 褐色至淡黄色水渍状或干腐状腐烂。最后病球只剩下

2～3 片外皮而腐烂。

（2）发病规律　病原菌生成菌丝、厚垣孢子和大小两种分生孢子。病菌以厚垣孢子形态留在土壤中，从伤口侵入洋葱。在大田中，病菌还可以从蝇类幼虫食痕处侵染。

（3）防治方法　消毒土壤，不可连作。除草、间苗时要小心，不要伤害秧苗。驱逐蝇类，控制病害发生。架藏要注意通风，同时，要驱除刺足根螨。

17. 洋葱疫病的识别和防治方法是什么？

（1）田间诊断　主要发生于洋葱和大葱，为害叶片和花梗；叶片首先出现水渍状青白色、边缘不明显的大型纺锤形至菱形病斑；病斑迅速扩大环绕叶身，植株在病斑处折断而枯死。撕开病叶，内部有白色絮状菌丝。

（2）发病规律　病原菌生成分生孢子、卵孢子和游动孢子，病菌发育温度为 12～36℃，30℃为适温。卵孢子在土地中越夏、越冬，借助雨滴附在土粒反溅到植株上，形成初侵染源。再侵染则由分生孢子来完成。苗床在 9 月中下旬，大田在 5 月末至 6 月上旬的高温高湿条件下，尤其在连续降雨时病害比较严重。

（3）防治方法　温暖地区应将播种时间推迟至 9 月中旬以后，避免早播，茎叶倒伏后，应立即收获。选用 75％百菌清可湿性粉剂，64％噁霜灵（杀毒矾）

可湿性粉剂、58％甲霜·锰锌可湿性粉剂或 10％苯醚甲环唑（世高）水分散粒剂喷雾防治，喷药时注意喷洒植株茎基部。

18. **洋葱丝核菌病的识别和防治方法是什么？**

（1）**田间诊断** 通常发生于刚发芽的 1～2 片真叶时期，接近地面部位呈青白色软化，变细后倒伏、枯死。严重时成苗不良，导致苗大片枯死。湿度大时，病株接近地面部位生出褐色蛛丝状菌丝。

（2）**发病规律** 无寄主选择性，导致多种作物的苗立枯病，病原性极强。菌丝无色，后期稍有褐变。病菌多存活于 0～5 厘米地表层，在病株残体内以厚垣的褐色菌丝形态生存，主要以菌丝形式繁殖，酷夏时节，偶尔生成担孢子。常发生于高温多雨季节。播种床上不要覆盖切碎的稻草，以防止土壤湿度上升，病菌在稻草上腐生增殖。

（3）**防治方法** 苗床要消毒土壤，利用药剂灌注等加强防治。

19. **洋葱叶枯病的识别和防治方法是什么？**

（1）**田间诊断** 整个生长期均能发生。主要为害叶或花梗。叶片染病多始于叶尖或叶的其他部位，初呈花白色小圆点，扩大后呈不规则形或椭圆形灰白色或灰褐色病斑，其上生出黑色霉状物，严重时病叶枯死。花梗染病易从病部折断,最后在病部散生许多黑色小粒点。为害严重时不抽薹。

(2) 发病规律 葡萄孢菌以菌核和孢子形态附在枯死叶组织上,以菌丝形态在组织内部生存,架藏的茎叶导致病菌的传播。灰霉病菌侵染各种蔬菜、花草和果树,生成孢子后再侵入洋葱苗床。分生孢子借助风雨飞散,遇到合适的条件,便在洋葱叶片上萌发出芽管侵入组织内。冬季的严寒干燥导致下叶枯死或叶尖枯萎时,病菌可在这些部位增殖,形成侵染源。苗床厚播、余苗弃之不管,都可能导致病害发生。该菌为弱寄生菌,常伴随霜霉病或紫斑病混合发生。

(3) 防治方法 冬季严防干燥,定植时不要损伤幼苗。苗床末期要喷施药剂,头一年架藏的洋葱球的茎叶及腐烂球要及时清理。发病初开始喷洒 75％百菌清可湿性粉剂 600 倍液,或 50％异菌脲可湿性粉剂1500 倍液、64％杀毒矾可湿性粉剂 500 倍液、50％琥胶肥酸铜可湿性粉剂 500 倍液、60％琥铜・三乙膦酸铝可湿性粉剂 500 倍液、14％络氨铜水剂 300 倍液、1∶1∶100 波尔多液,隔 7～10 天 1 次,连续防治3～4 次。

20. **洋葱黑曲霉病的识别和防治方法是什么?**

(1) 田间诊断 洋葱收获后至贮藏期,在球茎表面生褐色至黑色斑,病菌在球茎表面扩展,有的侵入1～2 个鳞片,初呈褐色水渍状,后干燥,长出黑霉,即病原菌子实体。影响食用和商品价值。

(2) 发病规律 病菌以菌丝体在土壤中的病残体上存活越冬。翌春产生分生孢子传播，从伤口或穿透表皮直接侵入，高温、高湿条件或土温变化激烈时易发病。

(3) 防治方法

① 收获后及时清除病残体，集中深埋或烧毁，以减少菌源。

② 用 75％百菌清（达科宁）可湿性粉剂或 50％多菌灵可湿性粉剂、50％甲基硫菌灵可湿性粉剂 1 千克，拌细干土 50 千克，充分混匀后撒在洋葱的基部。

③ 发病初期喷洒上述杀菌剂可湿性粉剂 500～600 倍液防治 1 次或 2 次。

21 洋葱猝倒病的识别和防治方法是什么？

(1) 田间诊断 猝倒病发病特征是，初期先从管状叶的折勾处开始变黄，逐步向下腐蚀叶片，随后根部也出现腐烂的迹象，并向上蔓延，直至植株死亡。

(2) 发病规律 主要是苗床大棚里的高温和高湿环境，使得土传病害大量发生。而且一旦传播很快，给农户造成的损失也是极具破坏性的。

(3) 防治方法 注意做好大棚的通风和温度控制，在病害发生前使用噁霉灵喷施叶面，提前预防病害的发生，避免发生更大的损失。

洋葱立枯病的识别和防治方法是什么？

（1）**田间诊断** 属于洋葱育苗期病害。严重发病时可导致幼苗成片死亡。开始发病时侵染幼苗根部、茎基部，初为褐色长条凹斑，后侵入嫩茎组织，阻塞维管束，导致幼苗地上部沿着病部折倒枯死。初为散点状零星发生，湿度大时迅速蔓延，受害较重。

（2）**发病规律** 病菌以菌丝体、菌核等在植物病残体或土壤中越冬，可在土壤中存活 2～3 年，病菌发育适温 20～24℃。条件适宜，以菌丝侵入幼茎引起发病，菌核可借助雨水、灌溉、农事操作进行传播。床土带菌、湿度大、早春温度变化幅度大容易引起发病。

（3）**防治方法**

① 选择无病床土育苗，用禾本科作物、水田土育苗。

② 进行土壤消毒。1 平方米苗床用 75％百菌清可湿性粉剂、65％代森锌可湿性粉剂 5～7 克，与干细土 10～12 千克拌匀作为垫土和盖土。

③ 种子消毒。用种子量 0.2％～0.3％ 的 50％多菌灵可湿性粉剂拌种。

④ 药剂防治。染病初期，用 30％甲霜·霉灵（瑞苗青）2500 倍液、20％甲基立枯磷乳油 1200 倍液、10％噁霉灵水悬剂 300 倍液，1 平方米苗床喷淋 2～3 升。

洋葱褐斑病的识别和防治方法是什么?

(1) 田间诊断 该病主要危害叶片,叶片产生 20 厘米左右的梭形病斑,病斑中部灰褐色,边缘褐色,上面有黑色小点,是病菌子囊壳。病斑融合导致叶片干枯。

(2) 发病规律 菌核以分生孢子器、子囊壳随病残体在土壤中越冬,翌年借风雨、灌溉水进行传播,从伤口、自然孔口侵染。气温 18～25℃、相对湿度 85% 以上容易发病。

(3) 防治方法

① 选用耐热抗病品种。

② 使用充分腐熟的有机肥。

③ 加强管理,雨后及时排水,防止葱地过湿,增强根系活力,提高抗病力。

④ 发病初期喷施 50% 腐霉利(速克灵)可湿性粉剂 1500 倍液、50% 异菌脲可湿性粉剂 1000 倍液 750 升/公顷,隔 10 天喷 1 次,共喷 2～3 次,采收前 7 天停药。

24. **洋葱黑秆腐烂病的识别和防治方法是什么?**

(1) 田间诊断 主要为害洋葱花梗。花梗染病,初现淡黄色褪绿长圆形斑,后由上向下发展成黑褐色长椭圆形大斑,病斑周围具有黄色晕圈,病斑略现轮纹，层次分明。有时病害从叶尖开始发生并迅速向下扩展蔓延，使叶尖枯死，后期病斑上密生黑短绒霉。病害严重时病斑相互汇合使叶片变黄枯死，花梗折断。

（2）发病规律 病菌以子囊座随病残体在土中越冬，温暖地区病菌以分生孢子辗转为害，无越冬期。病菌以子囊孢子进行初侵染，分生孢子进行再侵染，借气流传播蔓延。11～12月是发病盛期，翌年1月以后逐渐减少。因此，生长期防治的关键时期是10月中下旬。在雨水多、土壤湿度大、排水不畅的黏土地块，病害发生严重，连作地块也发病严重。特别是土壤湿度大的洋葱连作田，病害发生更严重。

（3）防治方法

① 加强植物检疫 防止病害因种子、种苗的调运而进行传播和扩散，不从病区调运种子和幼苗，有病种子和幼苗不外调。

② 农业防治

a. 轮作倒茬。最好种1～2年洋葱轮作1年水稻或玉米，最长连作不要超过3年。

b. 及时摘除病叶、病花梗集中销毁。收获时，清除病残体，带出田外深埋。

c. 尽量不要在低洼地种植洋葱，施用腐熟的有机肥作底肥，雨后及时排水，严禁大水漫灌。

③ 药剂防治 25％嘧菌酯悬浮剂800倍液、10％苯醚甲环唑水分散粒剂1200倍液、50％异菌脲可湿

性粉剂 1000 倍液，感病前、发病后，可选择以上药剂交替喷雾。每隔 7～10 天喷 1 次，病情严重时可缩短至 3～4 天喷 1 次，共喷 2～3 次。用药间隔期可根据天气而定，如果阴雨连绵，隔 5～7 天喷 1 次药，雨停后须立即喷药。

25. **洋葱酸皮病的识别和防治方法是什么？**

（1）**田间诊断**　病菌只侵染球茎外面几层新鲜鳞片，但不一定是最外层的鳞片，病部发黏、变黄、腐烂，不呈水浸状，靠鳞茎上部皱缩，外面干枯的皮一碰即脱落，鳞茎心部呈薄膜状，腐烂处具酸味，这一特点有别于软腐病。

（2）**发病规律**　病原细菌在病组织中越冬，翌春经风雨、昆虫或流水传播，从伤口或气孔、皮孔侵入，病菌深入到内部组织引起发病。高温多雨季节、地势低洼、土壤板结易发病，在植株伤口多和偏施氮肥的情况下发病重。

（3）**防治方法**　发病初期开始喷洒 30％碱式硫酸铜（绿得保）悬浮剂 400 倍液，或 72％农用硫酸链霉素可溶粉剂 4000 倍液，或 27％碱式硫酸铜（铜高尚）悬浮剂 600 倍液，或 50％琥胶肥酸铜胶悬浮剂 500 倍液，77％氢氧化铜（可杀得）可湿性粉剂 500 倍液，或 2％春雷霉素 26～54 毫克/升，或 47％春雷·王铜（加瑞农）可湿性粉剂 700 倍液，或 78％波尔·锰锌（科博）可湿性粉剂 500 倍液，或 50％氯溴异氰尿酸

（消菌灵）可溶粉剂 1200 倍液，或 60％琥铜·乙铝·锌可湿性粉剂 500 倍液等药剂，每 7 天喷药 1 次，连续防治 2～3 次。

26. **蓟马为害洋葱的症状和防治方法是什么？**

葱蓟马属缨翅目蓟马科，俗名金帐子，是洋葱的主要害虫之一。

（1）危害特点 成虫和若虫均以锉吸式口器为害洋葱的叶部和嫩芽，使之形成黄白色斑纹。严重时，叶片生长扭曲、枯黄。

（2）生活习性 华北地区 1 年 3～4 代，华东地区 6～10 代，华南地区 20 代以上。幼虫期 6～7 天，成虫寿命 8～10 天。雌虫可行孤雌生殖。以成虫越冬为主，尚有少数蛹在土中越冬，但在华南地区无越冬现象。初孵幼虫集中在叶基部为害，稍大即分散。成虫极活泼，善飞、怕阳光，在早、晚或阴天取食强烈。气温 25℃、相对湿度在 60％以下时，可能导致蓟马的发生。暴风雨可降低发生量。在华北地区以 4～5 月危害最重。

（3）防治方法 可喷洒 21％氰戊·马拉松乳油 6000 倍液，10％氰戊·马拉松乳油、10％溴氰·马拉松乳油 1500 倍液，或 50％辛硫磷乳油、25％增效喹硫磷乳油 1000 倍液进行除治。50％杀虫单可湿性粉剂 800 倍液对蓟马防效高，对天敌安全，还兼有促进植株生长的作用。

27 葱潜叶蝇为害洋葱的症状和防治方法是什么？

葱潜叶蝇也称葱斑潜蝇，属双翅目潜蝇科，俗名肉蛆。不同年份危害程度差别较大。

（1）危害特点 幼虫在叶组织中蛀食成隧道，呈曲线状，严重时成乱麻状，影响作物生长。

（2）生活习性 幼虫在蛀食的隧道中化蛹，成虫活泼，在植株上栖息。在辽宁省南部及华北地区1年发生4～5代，江西省12～13代，福建省13～15代，广东省18代，且发生世代重叠，以蛹越冬或越夏，成虫白天活动，趋糖性强。

（3）防治方法 做好田园卫生，及时清除残株、杂草，可压低下代及越冬的虫源基数。越冬代成虫羽化盛期，利用其趋糖性，可用甘薯、胡萝卜汁按0.05%的比例加晶体敌百虫制成诱杀剂，按每平方米1个诱杀株的比例喷布诱杀剂，可每隔3～5天喷1次，共喷5～6次。当幼虫开始为害时，及时用80%敌敌畏乳油1:1兑水2000倍液除治。如用25%喹硫磷乳油1000倍除虫，须在收获前15天停止使用，以免商品菜残毒超标。

28 葱地种蝇为害洋葱的症状和防治方法是什么？

（1）危害特点 种蝇以蛆形幼虫蛀食植株地下部分，包括根部、根状茎和鳞茎等。常使须根脱落为秃根，鳞茎被取食后呈凹凸不平状，严重时腐烂发臭。

（2）生活习性 在华北地区1年发生3～4代，以蛹在地下或粪堆中越冬。5月上旬成虫盛发，在叶部或植株周围约1厘米深的表土中产卵，孵化的幼虫很快入土为害。老熟幼虫在土中化蛹。

（3）防治方法 种蝇对生粪有趋性，施用粪肥须充分腐熟，发生地蛆的地块，可隔日大水漫灌2次。成虫发生期可喷洒2.5％溴氰菊酯或20％氰戊·马拉松乳油3000倍液，10％溴氰·马拉松乳油2000倍液防治。防治幼虫需用50％辛硫磷乳油500倍液或90％晶体敌百虫800～1000倍液灌根。用药不宜过量。

29. 蛴螬为害洋葱的症状和防治方法是什么？

蛴螬属鞘翅目鳃金龟科，别名白蚕、白土蚕等。

（1）危害特点 多为害各种蔬菜幼苗时期的根部，严重时可使幼苗致死。

（2）生活习性 蛴螬始终在地下活动。在10厘米深土壤温度达到5℃时，开始向表层土壤活动为害蔬菜幼苗根系；当土壤温度为13～18℃时，活动最为旺盛；高于23℃时则向深层地带潜伏。另外，土壤湿润活动性强，故此春雨连绵将助长病虫为害。

（3）防治方法 深翻并进行冬灌防除效果可达15％～30％。碳酸氢铵、氨水等化肥散发的氨气有驱避作用。可用50％辛硫磷乳油或80％敌百虫可溶粉剂兑水 1000 倍进行喷洒或灌杀。

30. **小地老虎为害洋葱的症状和防治方法是什么？**

小地老虎属鳞翅目夜蛾科。其幼虫俗名黑蚕、黑土蚕等。另有大地老虎与之混合为害。

（1）危害特点 近地面处将茎部咬断，造成缺苗断垄。

（2）生活习性 幼虫共有 6 龄（出生后每蜕 1 次皮为 1 龄）。3 龄在地面上取食杂草或作物的幼嫩部分，但此时是除治的关键时期。3 龄以后则潜伏在表土中夜间活动为害作物，取食后常在受害作物附近潜伏，可掘土寻找进行捕杀，但老熟幼虫有假死习性不可疏忽。

（3）防治方法 早春清除田间及周边的杂草，防止成虫产卵。用麦麸或豆饼或玉米面等 5 千克加 90% 敌百虫 30 倍液 1.5 升拌匀后加入适量冷水制成毒饵，在傍晚按每亩用 1.5～2.5 千克毒饵撒布田间。也可用灰菜、刺儿菜、苦菜等混入适当敌百虫、敌敌畏等胃毒农药堆在田垄间进行诱杀。对 3 龄以前幼虫可用 20% 氰戊菊酯 3000 倍液，或 90% 敌百虫或 50% 辛硫磷 800 倍液进行喷杀。

31. **葱蚜为害洋葱的症状和防治方法是什么？**

葱蚜属同翅目蚜科，别名葱小瘤蚜。

（1）危害特点　除为害洋葱外，还为害大葱和韭菜，在叶部或花器内刺吸汁液。

（2）生活习性　在京津地区 7～8 月发生无翅蚜。

（3）防治方法　用 50％ 抗蚜威乳油 2000 倍液，每隔 10 天喷 1 次，连续防治 2～3 次。

32　刺足根螨为害洋葱的症状和防治方法是什么？

刺足根螨属蜱螨目粉螨科。

（1）危害特点　受害的地下茎变黑褐色而腐败，或在鳞茎上产生褐色小斑而地上部黄枯。应注意这并不是病害症状以免误诊。

（2）生活习性　1 年发生多代。条件适宜时，9～13 天即可发生 1 代。能在土中移动，喜在沙壤土中为害，酸性土中为害也重。

（3）防治方法　洋葱生长期发生根螨时，用 50％ 辛硫磷乳油 1500 倍液灌杀。可将作种鳞茎放入 50％ 辛硫磷乳油 1000 倍液中浸渍 15 分钟后捞出晾干再栽植。

第九章

洋葱产品的质量标准

1. 我国洋葱产品等级划分的基本要求是什么？

洋葱鳞茎应符合下列基本要求：
①同一品种或相似品种；②基本完好；③最外面两层鳞片完全干燥、表皮基本保持清洁；④无鳞芽萌发；⑤无腐败、变质、异味；⑥无严重损伤；⑦无冻害。

2. 我国洋葱产品划分为哪几个等级？

（1）等级划分 在符合基本要求的前提下，洋葱产品分为特级、一级和二级。洋葱的等级应符合表 9-1 的规定。

表 9-1 洋葱等级

等级	要求
特级	鳞茎外形和颜色完好，大小均匀，饱满硬实；外层鳞片光滑无裂皮，无损伤；根和假茎切除干净、整齐

续表

等级	要求
一级	鳞茎外形和颜色有轻微的缺陷,大小较均匀,较为饱满硬实;外层鳞片干裂面积最多不超过鳞茎表面的1/5,基本无损伤;有少许根须,假茎切除基本整齐
二级	鳞茎外形和颜色有缺陷,大小较均匀,不够饱满硬实;外层鳞片干裂面积最多不超过鳞茎表面的1/3,允许有小的愈合的裂缝、轻微的已愈合的外伤;有少许根须,假茎切除不够整齐

(2) 允许误差范围 等级的允许误差范围按其质量计:

① 特级允许有 5% 的产品不符合该等级的要求,但应符合一级的要求;

② 一级允许有 8% 的产品不符合该等级的要求,但应符合二级的要求;

③ 二级允许有 10% 的产品不符合该等级的要求,但符合基本要求。

3. 我国洋葱产品的规格是如何划分的?

(1) 以洋葱横径为划分规格的指标 分为大(L)、中(M)、小(S)三个规格。

洋葱的规格应符合表 9-2 的规定。

表 9-2 洋葱大小规格　　　单位:厘米

规格	大(L)	中(M)	小(S)
横径	>8	6~8	4~6
同一包装中的允许误差	≤2	≤1.5	≤1.0

（2）允许误差范围 规格的允许误差范围按数量计：

① 特级允许有 5％的产品不符合该规格的要求；

② 一级和二级允许有 10％的产品不符合该规格的要求。

4. 我国洋葱产品包装有何具体要求？

（1）基本要求 同一包装内，应为同一等级和同一规格的产品，包装内产品的可视部分应具有整个包装产品的代表性。

（2）包装方式 塑料网袋或纸箱包装。

（3）包装材质 包装材料应清洁、卫生、干燥、无毒、无异味，符合食品卫生要求。包装塑料网袋按 GB 4806.7—2016 规定执行，包装纸箱按 GB/T 6543—2008《运输包装用单瓦楞纸箱和双瓦楞纸箱》规定执行。

（4）净含量及允许负偏差 塑料网袋包装每袋质量 30 千克，纸箱包装每箱质量 15 千克或视具体情况确定，净含量及允许负偏差应符合国家质量监督检验检疫总局 75 号令的规定。

（5）限度范围 每批受检样品质量和大小不符合等级、规格要求的允许误差按所检单位的平均值计算，其值不应超过规定的限度，且任何所检单位的允许误差值不应超过规定值的 2 倍。

（6）标识与标志 包装物上应有明显标识，内容包括：产品名称、等级、规格，产品的标准编号，生产与供应商单位及其详细地址，产地，净含量，以及采收、包装日期。标注内容要求字迹清晰、规范、完整。

包装外部应注明防晒、防雨要求，包装标识图示应符合 GB/T 191—2008《包装储运图示标志》要求。

（7）图片 洋葱包装方式参考图片见图 9-1，等级、规格实物参考图片见图 9-2 和图 9-3。

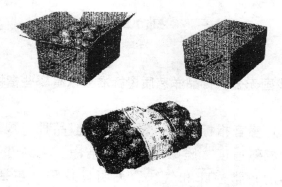

图 9-1 洋葱包装方式实物参考图片

(a) 特级   (b) 一级   (c) 二级

图 9-2 各等级洋葱实物参考图片

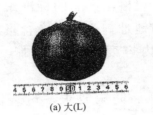
(a) 大(L)

(b) 中(M)

(c) 小(S)

图 9-3　各种规格洋葱实物参考图片

5. 我国无公害食品洋葱质量标准要求有哪些指标?

（1）**感官指标**　同一品种或相似品种，规格基本一致，成熟适度、脆嫩、干燥、洁净、无鳞芽、具有该品种的正常滋味和气味。无明显缺陷（包括软腐、异味、冷害、冻害、病虫害及机械伤）。

（2）**安全指标**　应符合表 9-3 的规定。

表 9-3　无公害食品洋葱安全指标

序号	项目	指标/(毫克/千克)
1	乙酰甲胺磷	≤0.2
2	毒死蜱	≤1
3	敌敌畏	≤0.2
4	三唑酮	≤0.2
5	百菌清	≤1

序号	项目	指标/(毫克/千克)
6	多菌灵	≤0.5
7	铅（以 Pb 计）	≤0.2
8	镉（以 Cd 计）	≤0.05

注：根据《中华人民共和国农药管理条例》，剧毒和高毒农药不得在蔬菜生产中使用。

农药最大残留限量、重金属和有害物质的限量应符合表 9-4 和表 9-5 的规定。

表 9-4　农药最大残留限量

通用名称	商品名称	毒性	最大残留限量/(毫克/千克)
久效磷	纽瓦克	高	不得检出
涕灭威	铁灭克	高	不得检出
敌敌畏	—	中	0.2
辛硫磷	肟硫磷	低	0.05
敌百虫			0.1
毒死蜱			1.0
抗蚜威			1.0
溴氰菊酯			0.5
氯氰菊酯			1.0
顺式氯氰菊酯			1.0
联苯菊酯			0.5
三氟氯氰菊酯			0.2
顺式氰戊菊酯			2.0
甲氰菊酯			0.5
三唑铜			0.2
多菌灵			0.5

通用名称	商品名称	毒性	最大残留限量/(毫克/千克)
百菌清			1.0
除虫脲			20.0

表 9-5　重金属及有害物质限量

项目	指标/(毫克/千克)
铬(以 Cr 计)	≤0.5
镉(以 Cd 计)	≤0.05
汞(以 Hg 计)	≤0.01
砷(以 As 计)	≤0.5
铅(以 Pb 计)	≤0.2
氟(以 F 计)	≤1.0
亚硝酸盐(NaNO$_2$)	≤4.0
硝酸盐	≤1200

6. **我国出口洋葱质量要求符合哪些标准？**

(1) 规格质量标准　出口洋葱要求鳞茎呈球形或高球形，质地脆嫩，组织致密，品质优良，球形指数 1～1.1，大小适中，横径 6～10 厘米；水分适宜，外被有光泽的鳞衣，用手搓即脱落；无损伤，去除根须和叶片，保留假茎 1 厘米；鳞片乳白色，肉质辛辣味淡；无尘土，无病斑，无霉变。一级品鳞茎横径 8 厘米以上，二级品横径 6～8 厘米，横径 6 厘米以下为次品。

(2) 检验标准　我国洋葱及其制品主要出口日本和俄罗斯，这两个国家对洋葱药物残留限量见表 9-6，

表 9-7。

表 9-6 日本对洋葱农药最大残留限量的标准

单位：毫克/千克（苏宝乐）

农药名称	最大残留限量	农药名称	最大残留限量
二氯异丙醚	1	氰草津	0.05
茵草敌	0.04	乙霉威	5
2,4,5-涕	不检出	噻草酮	0.5
氟丙菊酯	0.1	抑菌灵	0.1
乙酰甲胺磷	0.5	敌敌畏	0.1
嘧菌酯	0.1	三氟氯氰菊酯	0.5
杀草强	不检出	氟氯氰菊酯	2
涕灭威	0.05	除虫脲	0.05
异柳磷	0.1	三环锡(普特丹东)	不检出
异菌脲(扑海因)	0.5	氯氰菊酯	0.1
双胍辛	0.1	烯酰吗啉	0.1
灭线磷	0.02	霜脲氰	2
乙嘧硫磷	0.1	灭蝇胺(赛灭净)	2
杀线威	0.05	稀禾啶	10
敌菌丹	不检出	比久	不检出
精喹禾灵	0.05	禾草丹	0.2
草甘膦	0.2	甲基乙拌磷	0.1
草铵膦	0.2	戊唑醇	0.2
烯草酮	0.5	抗蚜威	0.5
毒死蜱	0.05	水杨菌胺	0.2
氟啶脲	2	敌百虫	0.5
氯苯胺灵	0.05	氟菌唑	1
百菌清	0.5	氟乐灵	0.05

续表

农药名称	最大残留限量	农药名称	最大残留限量
甲基立枯磷(利克菌)	2	氯菊酯	3
对硫磷	0.3	戊菌唑	0.1
甲基对硫磷	1	灭草松	0.02
生物苄呋菊酯	0.1	二甲戊灵	0.2
哒草特	0.2	三乙膦酸铝	50
甲基嘧啶磷	1	灭菌丹	2
除虫菊素	1	马拉硫磷	8
氯苯嘧啶醇	0.5	抑芽丹	20
杀螟硫磷	0.2	腈菌唑	1
仲丁威	0.3	甲基苯噻隆	0.05
丰索磷	0.1	甲硫威	0.05
氰戊菊酯	0.5	异丙甲草胺	1
抑草磷	0.05	嗪草酮	0.5
氟氯菌核利	1	环草啶	0.3
咯菌腈	0.1	四溴菊酯	0.5
氟氰戊菊酯	0.1	三唑磷	不检出
腐霉利	0.5	溴氰菊酯	0.1
丙硫磷	0.1	氟胺氰菊酯	0.1
丙环唑	0.05		

表 9-7 俄罗斯对洋葱农药最大残留限量的有关标准

单位：毫克/千克（苏宝乐）

农药名称	最大残留限量	商品名称
艾氏剂	不检出	全部食品

续表

农药名称	最大残留限量	商品名称
砷及其制剂	不检出 1.0	蔬菜制品 蔬菜(包括环境的背景值)
溴甲烷	不检出	全部食品(除列出的品名外)
敌草索	3.0	蔬菜及其制品
代森锌铜	1.0	蔬菜及其制品
2,4-滴	不检出	全部食品(除列出的品名外)
棉隆	0.5	马铃薯和除黄瓜外的其他蔬菜
滴滴涕	0.5	蔬菜
氯双脲	不检出	全部食品
消螨普	1.0	蔬菜及其制品
敌草快	0.05	蔬菜及其制品
艾敌通	1.0	全部食品
灭菌丹	2.0	蔬菜及其制品
安果	0.2	全部食品
林丹	2.0	除列出品名外的其他食品
七氯	不检出	全部食品
马拉硫磷	1.0	蔬菜
灭蚜松	1.0	蔬菜及其制品
代森联	1.0	蔬菜
多氯蒎烯	不得检出	全部食品
扑草净	0.1	马铃薯、蔬菜
八甲磷	不得检出	全部食品

续表

农药名称	最大残留限量	商品名称
抑芽丹钠盐	14.0	洋葱
涕滴伊	7.0	蔬菜
福美双	不得检出	全部食品
三氯磷	1.0	蔬菜
敌百虫	1.0	蔬菜及其制品
代森锌	0.6	蔬菜及其制品
汞（包括制剂）	不得检出	除列出品名外其他全部食品不得检出
甲氧滴滴涕	14.0	全部食品
除草醚	不得检出	全部食品
对硫磷	不得检出	全部食品
甲基对硫磷	不得检出	全部食品
乙滴涕	14.0	蔬菜
伏杀硫磷	0.2	蔬菜及其制品

7. 我国出口洋葱产品的质量检疫标准是什么？

保鲜洋葱主要是针对"三虫一病"进行检疫。

"一虫"指葱蓟马。附着于葱的虫体多数是葱蓟马，这种虫的成虫、若虫都能为害洋葱，以刺吸式口器为害植物心叶、嫩芽的表皮，吸食汁液，茎叶出现针头大小的斑点。严重时葱叶弯曲，枯黄，影响植株光合作用。成虫体长 1.2～1.4 毫米，淡褐色。卵肾形，乳白色，后期随胚胎发育成圆形。葱蓟马全年都可发生，以成虫或若虫态在大葱的叶鞘内潜伏。春天开始活动繁殖，不断为害。5月下旬至6月上旬干旱无雨，或浇水不及时则为害严重。7月份以后气温升高，降雨增多，活动受到限制。故收获时将4～7月份的洋葱列为重点检查对象；蓟马在玉米、洋葱等作物上也多发生，与此类作物套种、邻作，葱蓟马发生率高20%，故此类洋葱也列为重点检查对象；高温天气，蓟马多喜于阴凉处栖息，有的钻于洋葱叶鞘内栖息，此时收获的洋葱带虫概率大，往往于通关时检出活虫而被熏蒸处理或索赔。

"二虫"是青虫，即夜蛾类的幼虫，如甜菜夜蛾、甘蓝夜蛾、斜纹夜蛾等的幼虫，这些虫子往往潜伏于洋葱叶内，检疫实践中检出此类虫的事例也不在少数。

"三虫"就是葱斑潜蝇。

"一病"主要是指洋葱软腐病。属细菌性病害，其多于湿度大时发生。雨淋、水浇过的出口葱湿度大，易发生，症状就是发病初期葱白处呈现水浸状。有的不甚明显，开始时与正常葱没有多大区别，过几天就会从内部腐烂，散发出恶臭味。这类葱在出口加工时葱白上仅为一条"黄线"，到通关时却发现腐烂恶臭的洋葱混杂其中，索赔的事例屡见不鲜，这就是我们将其列为重点检查对象的原因。

对于保鲜出口洋葱的检疫除了必须按照常规检疫外，必须注意以下几个问题，称之为"二注意"。

"一注意"是洋葱表面必须干净、鲜亮，成品箱内不得有任何杂物。"二注意"是注意机械、手抓等对洋葱造成的伤害。因此，要求加工人员必须定期检查机械中的质量隐患，并每周两次剪指甲以减少质量隐患。

在挑选出口保鲜洋葱时，尤其应注意以下两点：

① 有无霉心　通常运用手捏的办法检查。即用手握住洋葱，使假茎向上，用大拇指试探性地轻压假茎根部，若有松软、稀腐的感觉，就为霉心，要挑出。挑出口保鲜洋葱，这一点很重要，也是较难掌握的挑选技术。

② 是否变质　主要检查是否有碰撞、太阳暴晒等造成的内部组织腐烂变质，变质的最初表现形式是表皮变褐，变软，伴随一股异味，应及时挑出。

8. **我国洋葱产品的无公害食品、绿色食品、有机食品质量认证有何异同？**

安全食品主要包括无公害食品、绿色食品、有机食品，这三类都是以环保、安全、健康为目标，代表着未来食品发展的方向；三者从食品基地到生产，从加工到上市都有着严格的标准要求，都依法实行标志管理。无公害食品、绿色食品、有机食品像一个金字塔，塔基是无公害食品，中间是绿色食品，塔尖是有机食品，越往上要求越严格。

我国的安全认证食品之间还有着明显的差别，见表 9-8。

表 9-8 我国安全认证食品的不同点

项目 \ 安全等级	有机食品	绿色食品		无公害食品
		AA 级	A 级	
执行标准	不同国家,不同认证机构其标准不尽相同。我国是由国家生态环境部有机食品发展中心制定的认证标准	由中国绿色食品发展中心组织制定。AA级相当于有机食品,A级也参照发达国家食品卫生标准和联合国有关机构的标准制定		由农业农村部农产品质量安全中心统一制定
产品标识	不同国家,不同认证机构使用的标识不同。我国有机食品标识是由国家生态环境部有机食品发展中心在国家市场监督管理总局注册	由中国绿色食品发展中心组织制定并在国家市场监督管理总局注册的质量认证商标		各省、自治区、直辖市制定使用的标识不一样,一般认为只有在国家市场监督管理总局注册方为有效
认证机构	国内最具权威的是南京国环有机产品认证中心、中绿华夏有机食品认证中心,以及国外在华设有办事机构的认证机构	中国绿色食品发展中心是唯一负责全国绿色食品认证和最终审批的机构		目前已改由农业农村部农产品质量安全中心统一负责认证
认证方法	强调生产过程的质量安全措施控制,重视农事操作过程的真实记录和生产资料购买和应用记录等	AA级认证实行检查员制度,以实地检查认证为主,检测认证为辅	A级以检测认证为主。其认证和使用期间重视检测和抽测,分产地认定和产品认证	以检查认证和检测认证并重的原则,同时强调从土地到餐桌的全程质量控制。环境条件评价采用调查评价和检测认证相结合的方式

安全等级 项目	有机食品	绿色食品		无公害食品
		AA级	A级	
目标定位	保持良好的生态环境,促进人和自然的和谐共生	提高生产水平,满足更高需求,增强市场竞争力		规范农业生产,保障基本安全,满足大众消费
运作方式	社会化的经营性认证行为,因地制宜的市场运作	政府推动,市场运作。质量认证与商标转让相结合		政府运作,公益性认证。认证标志、程序和产品目录等由政府同意公布。产地认定和产品认证相结合
资格许可期	1年	3年		3年
转换期	2年(多年生蔬菜为3年)	2年	无转换期	无转换期
数量控制	一茬作物一认证,定地块,定产量	无严格产量要求		无严格产量要求

9. 洋葱安全生产中哪些农药种类是禁止使用的?

洋葱安全生产必须禁止使用国家关于绿色食品蔬菜生产禁用的农药品种(表9-9)以及其他高毒高残留农药。

表9-9 A级绿色食品生产中禁用的农药

农药种类	农药名称	禁用原因
有机砷杀虫剂	砷酸钙、砷酸铅	高毒
有机砷杀菌剂	甲基胂酸锌(稻脚青)、甲基胂酸钙(稻宁)、甲基胂酸铵(田安)、福美甲胂、福美胂	高残留

农药种类	农药名称	禁用原因
有机锡杀菌剂	三苯基醋酸锡、三苯基氯化锡、三苯锡、四氯化锡	高残留
有机汞杀菌剂	氯化乙基汞(西力生)、醋酸苯汞(赛力散)	剧毒、高残留
有机杂环类	敌枯双	致畸
氟制剂	氟化钙、氟化钠、氟乙酸钠、氟乙酰胺、氟铝酸钠、氟硅酸钠	剧毒、高残留、易药害
有机氯杀虫剂	滴滴涕、六六六、林丹、甲氧、DDT、硫丹	高残留
有机氯杀螨剂	三氯杀螨醇	工业品中含琥胶肥酸铜
卤代烷类杀虫剂	二溴乙烷、二溴氯丙烷	致癌、致畸
有机磷杀虫剂	甲拌磷、乙拌磷、久效磷、对硫磷、甲基对硫磷、甲胺磷、氧乐果、治螟磷、蝇毒磷、水胺硫磷、磷胺、内吸磷	高毒
氨基甲酸酯杀虫剂	克百威、涕灭威、灭多威	高毒
二甲基甲脒杀虫剂	杀虫脒	致癌
取代苯类杀虫、杀菌剂	五氯硝基苯、五氯苯甲醇	致癌
二苯醚类除草剂	除草醚、草枯醚	慢性毒性

10. 洋葱安全生产中允许使用的农药种类及安全间隔期是什么?

（1）允许使用的农药种类　病虫草害防治应从作物-病虫草等整个生态系统出发，综合运用各种防治措施，创造不利于病虫草害滋生和有利于各类天敌繁衍的环境条件，保持农业生态系统的平衡和生物多样化，减少各类病虫草害所造成的损失。优先采用农业措施，通过选用抗病抗虫品种，非化学药剂种子处理，培育壮苗，加强栽培管理，中耕除草，秋季深翻晒土，清洁田园，轮作倒茬，间作套种等一系列措施起到防治病虫草害的作用。还应尽量利用灯光、色彩诱杀害虫，机械捕捉害虫，机械和人工除草等措施，防治病虫草害。特殊情况下，允许及限制使用以下农药：

① 允许使用中等毒性以下植物源杀虫剂、杀菌剂、驱避剂和增效剂，如除虫菊素、鱼藤根、烟草水、大蒜素、苦楝、川楝、印楝、芝麻素等。

② 允许释放寄生性捕食性天敌动物，如捕食螨、蜘蛛及昆虫病原线虫等。

③ 允许在害虫捕捉器中使用昆虫信息素及植物源引诱剂。

④ 允许使用矿物源农药中的硫制剂、铜制剂。

⑤ 允许使用经专门机构核准的活体微生物农药，如真菌制剂、细菌制剂、病毒制剂、放线菌、拮抗菌剂、昆虫病原线虫、原虫等。

⑥ 允许使用农用抗生素，如春雷霉素、多抗霉素（多氧霉素）、井冈霉素、农抗120、中生菌素、浏阳霉素等。

⑦ 有限度地使用部分有机合成的低毒农药和中等毒性农药。

（2）安全间隔期 限制使用的每种有机合成农药（含A级绿色食品生产资料农药类的有机合成产品）在一种作物的生长期内只允许使用一次，在采收前20天应停止使用。

第十章

洋葱种子生产技术

1. 洋葱采种株如何进行自交？

采种株定植后，在花球即将绽苞时，用防虫网或硫酸纸之类事先扎好通气孔的口袋套住花球。进入开花期后，可用干净的毛笔（每株要各自专用不能混用）在同一花球上先触动已开裂的花药蘸好花粉，再轻轻地涂在柱头上；或用纱布包好脱脂棉的面团（泡沫塑料亦可）在花球上轻叩一下，而后再将袋套好；也可在采种田其他花球上捕捉花蝇等昆虫，用清水喷洒，使它沾在身上的花粉粒吸湿崩解后，再放进套袋的花茎或用手轻叩套袋，也能起到辅助作用。如果用网罩套住采种株，则可在网罩内放入苍蝇之类使其协助授粉。为了满足蝇类对水的需要，还应在罩内放盛水的浅碟，否则蝇类在 1～2 天内就会因干渴而死亡。

2. 洋葱采种株如何进行杂交？

杂交要先在蕾期去雄，即分次选大小一致的花蕾在点线处用镊子（或小剪刀）将花被切去一部分，然后再将花药全部摘除（图 10-1）。这时虽然雌蕊还未充分伸长，但也要注意不能使其受损伤。去雄后要把隔离袋套好，翌日即可进行杂交授粉。

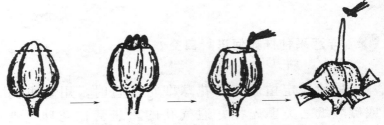

图 10-1　洋葱人工授粉方法示意图（引自安志信等，2007）

小花开花期为 2～3 天，雌蕊在长到 5 毫米时即具有受精能力。据研究，在开花 3 天后授粉结实率最高。授粉时可用镊子夹住已经开裂的花药用以涂抹柱头。每次授粉后再做下一批次小花的去雄和摘除部分妨碍授粉的花蕾，为以后的工作做好准备。一个花球上的小花在进行几次授粉后（授粉小花朵数在 50～100 朵之间），要把剩余的小花全部摘除。操作结束后，在花茎上要拴好纸牌，写明组合和分次授粉日期并按植株编号。待第一次杂交的蒴果将要开裂时按单茎分别采收、后熟和脱粒，并将种子和记录的纸牌先登入底账，然后一并保存。

③ 洋葱主要有哪些采种方式？

洋葱的采种方式根据定植所用采种株鳞茎的不同，可分为种球采种和种苗采种。种球采种用充分成长的鳞茎俗称"大球采种"；有的为减少种球的生产成本，加倍密植繁殖小型种球即所谓的"小球采种"。另外，利用精选后的大球采种田种株分生的鳞茎作为翌年采种母株，可称为"次生分球采种"。这种方法可以节省培育种株的生产程序又能保持采种株的优良性状，获得了省工、省时的双重效益。如果采取培育大苗不形成鳞茎而抽薹、开花、结实的"种苗采种"，则缺少了对先期抽薹和耐贮性等原品种优良性状的充分检验。

④ 洋葱采种的关键技术是什么？

（1）种用鳞茎的选择 在洋葱鳞茎将要成熟时，去掉田间的双茎植株、抽薹植株。选择长势一致、成熟期一致、抗逆性强、假茎细、符合原品种特征特性的植株，作为留种株，单独收获。收获后再次选择外形丰圆、紧实、表皮光洁、无虫斑、个头中等偏大（早熟品种单球重约 $200\sim250$ 克，中晚熟品种单球重约 $300\sim400$ 克）的鳞茎作为种用鳞茎。种用鳞茎收获后，选晴天晾晒 $3\sim4$ 天，严防雨淋。将种用鳞茎用网袋装好，放至通风、干燥的场所贮藏，防止漏雨和太阳直射。定植前,再次剔除腐烂及发芽的鳞茎。

(2) 采种田的选择及隔离区的设置 选择土地平整、肥沃、能排能灌、保水保肥能力强的田块作为采种田,前茬最好是玉米、大豆等大田作物,杜绝使用前茬为葱、韭菜等作物的田块作为采种田。因洋葱对养分的需求量较大,采种田必须施足底肥。采种田在定植前,先行翻耕并普施基肥,一般每亩施用混合粪肥 2000~3000 千克,或施粗肥 3000~4000 千克。如增施过磷酸钙,每亩施用 25~35 千克,可事先掺在基肥中,经过充分发酵和翻倒则更为有利;复合肥和磷酸氢二铵可按每亩施用 15~20 千克,在定植沟(穴)内撒肥后,必须使其与土壤充分混匀,不使肥料与母球直接接触。根据不同地区的耕种习惯,可以筑成平畦和高畦。

洋葱为异花授粉作物,主要靠蜜蜂等昆虫传粉,近距离风也能传播花粉。为了保证种子纯度,采种田要与其他葱类采种田隔离 1000 米以上,防止串粉。对隔离范围内的洋葱生产田中的早期抽薹植株,应尽量摘蕾,以保证采种纯度。

(3) 适期定植

① 定植期 华北中南部和中原地区多在 9 月份定植。例如,京、津地区在 9 月上中旬定植,华东地区则在 10 月份定植。辽宁省中、南部在 9 月中旬利用冷床定植,并实行越冬保护。其他高寒地区也可在春季定植。

② 定植方法 可采取穴栽或沟栽。掘穴和开沟深

度以 10 厘米左右，如栽植过浅，越冬易受冻，翌年花薹易倒伏；栽植过深，不利于发根。栽植行距 40～50 厘米，株距 30 厘米左右，栽植密度 6.75～7.50 万株/公顷。栽后喷施 50%乙草胺 1200 毫升/公顷＋二甲戊灵 2250 毫升/公顷＋乙氧氟草醚 600 毫升/公顷，可防除双子叶杂草及禾本科杂草。然后覆盖地膜，两边压实，苗出齐后破膜拉出叶片。栽后浇 1 次定植水，出苗后再浇 1 次缓苗水，入冬时再浇 1 次充足的封冻水。为使种株安全越冬，可采取架风障、覆地膜或在土地封冻时盖草或土肥进行防寒，促使翌年提早返青。

（4）翌春田间管理 种株越冬后到翌年早春开始萌动生长时，浇 1 次返青水。返青后在抽薹前可结合浇水追施腐熟的粪稀，或每亩追施硫酸铵 10 千克左右。种株抽薹前适当控水，如不覆盖地膜，要加强中耕，彻底除草，以防止花薹徒长。晚霜过后，日平均温度达到 10℃以上，即可拔除风障。定植在冷床的种株，当外界的平均气温稳定在 5℃以上时，即可撤掉防寒物。

花薹抽出后，为防止倒伏，最好设立支架。洋葱开花期天气干旱，干热风较多，种株叶子易枯死，地下部常有分生的新鳞茎形成，与种株争夺水分和养分。因此，要注意追肥浇水，保证肥水供应，保持地面湿润。开花后结合浇水追施 40%惠满丰复合肥 20 千克/亩，以促进种子充实饱满。花期结合防治病虫害，用 0.5%尿素加 0.3%的磷酸二氢钾溶液喷洒种株，隔 7～10 天喷 1 次。另外，洋葱花期喷施美国速乐硼 2～3 遍，具有一定的增产效果。在授粉昆虫不足的地方，应采取人工辅助授粉（在开花期，于 9 时前后露水已干时用泡沫塑料或用纱布包裹棉花轻抚花序，进行人工辅助授粉），以提高种子产量。

南方多雨地区，可在开花前按畦设高 1.5～2 米的遮雨棚，只需在棚顶覆盖旧膜遮雨，四周可进风，这样不会造成高温危害，也不会影响昆虫的活动。试验表明，加防雨设施后，种子产量、千粒重和发芽率均成倍提高。

（5）病虫害防治 洋葱采种田易发生病毒病、霜霉病、灰霉病、葱蓟马、潜叶蝇等病虫害。在发病初期，应及时嫁接或用 1.5％烷醇·硫酸铜（植病灵）800～1200 倍液防治病毒病，用 65％甲霜·锰锌可湿性粉剂 2000 倍液防治霜霉病，用 40％的嘧霉胺可湿性粉剂 3000 倍液防治灰霉病，对发病田块防治 2～3 次即可；用 50％辛硫磷乳油 800 倍液防治葱蓟马、潜叶蝇等害虫。

（6）适时收获 洋葱盛花后 3 周左右，当花球顶部有少数蒴果变黑开裂时为采收适期。应分期分批及时剪取花球，防止脱落。剪球时应连同花薹剪下 30 厘米左右，放至通风处完成后熟，后再剪掉花薹晾晒，干燥后脱粒。脱粒后先风选，然后再水选 1 次，去掉空秕粒，不要在水泥地及太阳光下曝晒，以免影响种子发芽率。洋葱种子产量受气候的影响较大，不同年份种子产量有较大差异，一般种子产量 50～100 千克/亩。

⑤ 洋葱的杂种优势利用情况怎样？

洋葱是最早育成和在生产上应用一代杂种的一种蔬菜，一代杂种一般能增产 20%～50%，它的应用价值已早被生产实践所证明。

洋葱品种间自然杂交的一代杂种，不仅增产效果不稳定，并且往往增产不显著和一致性差。这种现象除了与一般品种群体内个体间的遗传多型性有关外，还与自然授粉情况下双亲间杂交率不高有关。在隔离网罩内两个亲本间的杂种率，根据后代性状鉴定，一个组合为 24% 和 28%，另一组合仅 5% 和 16%。即使已经选得了优良的亲本组合，可是如果亲本未经自交纯化，又采用自然授粉法生产种子，则生产的一代杂种种子往往不能保证增产。但是采取人工去雄授粉法生产杂种种子显然是不切实际的，因为洋葱每 1 朵花最多只能结 6 粒种子，人工交配制种的工作量太大，生产成本太高。因此，利用雄性不育系作母本和能育自交系作父本，已成为目前洋葱配制一代杂种的主要途径了。

目前生产上所用的一代杂种几乎都是单交种，如果所用亲本的性状能保证配成杂种在主要经济性状方面无显著分离，则三系杂种的产量常高于单交种。

6. 如何利用雄性不育系配制洋葱一代杂种？

采用雄性不育系配制一代杂种需要 3 系配套，即不育系（A）、保持系（B）和恢复系（C）。在一代杂种制种圃内栽植 A 系和 C 系，从 A 系植株上收获的种子即为一代杂种，从 C 系植株收获的种子供明年制种圃内栽种恢复系之用。制种圃内 A 系和 C 系的栽植行比和栽植方式，在行距 90 厘米的情况下，以 8 行 A 系与 2 行 C 系配植的效果最好，但在东西各 1 行 C 系株中间配植 24 行 A 系时，中间 8 行的种子产量虽统计上显著低于两侧 8 行，而实际的种子产量差异并不很大。

除制种圃外，为了繁殖不育系供第 2 年栽植制种圃之用，需另设一隔离区栽植 A 系和 B 系，栽植方式大致与制种区相似，从 A 系植株上收获的种子即为不育系，从 B 系植株上收获的种子供第 2 年栽植保持系用。

7. 洋葱杂交制种的技术关键是什么？

（1）注意隔离 为防止串花，在制种田周围 1000 米的范围内不能种植洋葱，也不能进行其他洋葱品种和大葱的采种。

（2）提早播种，培育大苗 制种田为缩短时间和降低成本，可以进行小株采种，即将播种期比生产的常规日期提早 30 天左右，使幼苗叶鞘的粗度在入冬前达到 1 厘米以上，在越冬过程中经受 70 天以上的低温，翌年即可使 90％的种株抽薹。这种方法因缺乏对鳞茎的选择，故不宜连年使用。

（3）合理密植　因单株抽薹数少，可利用小株采种，需加大密度，每亩可定植 18000～20000 株。

（4）严格去杂、去劣　对雄性不育系中的可育株及父母本中的杂株、劣株和病株要及时拔除。

（5）注意调节花期　雄性不育系和父本自交系（恢复系）之间如花期相差较远，对花期晚的一方，可以采取覆盖地膜、架设塑料薄膜小棚等方法进行调节。如相差日数不多，可将提早抽薹的摘除花序。花期相遇是杂交制种的关键，绝对不能忽视，必须注意解决这个问题。

（6）加强肥水管理　小株采种，自身营养较少，必须加强肥水管理，以保证种株顺利抽薹、开花和结实。

8. 洋葱简化淘汰育种法的具体步骤是什么？

这种方法既可用于品种改良也可用来培育新品种。如原始采种母球为常规品种，按步骤进行定向选择即可达到品种改良的目的。若用杂交一代品种作为原始采种母球则可培育新品种，其具体步骤如下。

第一，根据育种目标从母球栽培田（常规品种或杂交一代品种的生产田）中严格进行优中选优。在这种情况下，原则上是母株数量多，将来选出优良株系的概率也大，故此一般不少于 100 个母球。

选出的母球如为长日型品种，则在夏季收获后经过贮藏，淘汰易腐和易抽薹的母球，在初冬或早春再行定植。短日型品种是在冬季种植,早春形成鳞茎,夏季在保护条件下贮藏,经过淘汰后于秋季定植。

至于经选择后定植数量可根据自身条件确定。因考虑到定植后在生产过程中还可能有闪失,最好不宜少于 10 个株系,并进行第一次自交。

第二,按株系种植第一次自交的种子,形成鳞茎后在发生分离现象的情况下,经过贮藏严格淘汰不良株系后,仍按株系定植进行第二次自交,并做好采种田的管理及自交过程的记录。

第三,用第二次自交的种子按株系编号进行育苗后再行定植。尤其是利用杂交一代品种作为原始材料的,在每次自交后都可能发生分离现象,故在田间选择时如发现不退化的优株应特别加以保护。各株系中性状已基本稳定的可取出再繁,还未稳定的应继续进行株系选择。

第四,将已经基本稳定的株系分两组定植,一组进行第三次自交,另一组在同株系之间互相授粉。为防止株系间混交,需要对花球逐个进行套袋。

如果要选单一中心芽的株系,可在定植前将鳞茎顶部切掉约 1/3,其中具有单一中心芽的种球和多中心芽的种球,切口可涂抹龙胆紫,并经晾晒使切口干燥后才能分开各自进行定植。

第五,将上茬入选的自交种子(如有闪失可用相互授粉的代替)仍按株系育苗定植,到收获期进行比较,表现良好的株系应尽量多留种球以备扩繁。

第六,将选定的优系采取集团采种进行扩繁。

第十一章

洋葱贮藏保鲜与加工技术

1. 影响洋葱贮藏的环境因素有哪些？

（1）温度 洋葱含糖量较丰富，抵抗低温的能力较强，结冰点为 $-1.59 \sim 1.8℃$，即使鳞茎出现轻冰冻，只要不冻实心，经缓慢解冻后，仍可恢复原状；所以洋葱贮藏适于低温干燥环境，适宜贮温为 $0 \sim 3℃$，但温度低于 $-3℃$ 洋葱也会受到冻害。种用葱头的贮藏一定不能低于 $0℃$，结冻的葱头不宜作种，否则会因为抽薹不良而影响种子产量。

（2）湿度 洋葱贮藏过程中最忌受潮，湿度过大易发芽和长出须根（生白须），有利于霉菌的繁殖，发生腐烂。一般相对湿度超过 80%，就容易生芽、发须根，以致腐烂损失。相对湿度 70% 以下（64% 左右）最适宜。

（3）气体成分 低氧和高二氧化碳对抑制发芽有

明显的效果。贮藏环境中适宜的气体成分为氧 2％～4％，二氧化碳 10％～15％。

2. 洋葱贮藏过程中抑制萌发的方法有哪些？

在叶片迅速生长阶段和鳞茎肥大期，要及时追肥灌水，并适当增施磷、钾肥，以增强抗性。为了防止洋葱在贮藏期间发芽，可在收获前 10～15 天，田间喷洒 0.25％抑芽丹（青鲜素）水溶液，每亩用配制好的药剂 50 千克，喷后 3～5 天不灌水，如果喷药后一天内遇雨，则药失效，应补喷。收获前 10 天停止灌水，否则不耐贮藏。

3. 洋葱贮藏过程中减少腐烂的方法有哪些？

① 适时收获。

② 在收获前 5～7 天停止灌水，降低含水量促进成熟。收获后及时晾晒，等洋葱充分干燥后进行贮藏。

③ 选用休眠期长的耐贮藏品种。一般黄皮品种比红皮品种耐贮藏，黄皮品种中扁圆种更耐贮藏。

④ 采用低温贮藏或气调贮藏，在洋葱收获前采用抑芽丹处理。贮藏过程中，隔段时间用无毒的杀菌剂消毒一次，如用苯扎溴铵（新洁尔灭）喷雾或白醋熏蒸。

4. 洋葱贮藏需注意哪些问题？

① 不能与地面直接接触，必须用垫板或干燥的草垫。

② 原料或成品周转时，应尽量放在通风避光阴凉避潮处。成品如需 3～10 天后才装运，应尽量进冷库，将库温降到 18℃ 左右，并在出库前停机回温，使库温与出库时气温温差小于 5℃，以防结露。相对湿度应小于 70%，绝对不能洒水。尽量选择晴天早晨出入库或装箱。除霜后的水应排走，绝对不宜在高温或高湿时开库门。

③ 如果洋葱自然干透，表皮完整透亮，霉斑很少，就可考虑用冷库储存原料或成品时，码垛请注意袋与袋、垛与垛之间留有一定空隙，垛高应小于 1.8 米，下面必须用垫板。如储存时间为 1～3 个月，则温度为 1～5℃，相对湿度应小于 60%。可用生石灰除湿。除霜后的水应该排走，千万注意出库前必须停制冷机而开风机送风。待库温回升至与外界基本相同时再出库。贮存期间出入库尽量选择晴天的清晨。否则，高温高湿的空气将对洋葱造成很大破坏。

④ 洋葱单独贮存时，一定要注意避雨。

5. 洋葱的适宜贮藏条件是什么？

洋葱在夏季收获后即进入休眠期。休眠期一般长一个半月到两个半月。休眠期的洋葱，遇有高湿条件便萌芽生长。采用低温干燥，可迫使鳞茎继续保持休眠状态，即处于强迫休眠期。一般情况下，黄皮种洋葱品质好，休眠期长，耐贮性高于紫皮种洋葱；白皮种洋葱不耐贮藏；扁圆形的洋葱比凸圆形的洋葱耐贮藏。贮藏洋葱适宜的温度为 0～3℃，相对湿度 80%以下。湿度过大易腐烂，还易发芽和生根。

6. 洋葱贮前应进行哪些处理？

我国栽培的洋葱以普通洋葱为主，产量高，品质好，但休眠期短，易萌芽。普通洋葱中，黄皮类型品质好，休眠期长，较耐贮藏，栽培面积大，但产量稍低。扁圆形的比高圆形的洋葱耐贮。含水量高、辣味淡的品种不耐贮。

为了利于洋葱的贮藏，收获前 10 天停止浇水，以降低洋葱含水量。适时收获，当地上部茎叶开始倒伏，洋葱外部鳞片开始变干时收获。收获过早不耐贮；收获过晚地上部分容易脱落，不利于编辫贮藏。收获时应选晴天。收获后，放在干燥向阳的地方晾晒。晾晒时，将植株一排排地铺开，后一排的叶子盖在前一排的洋葱头上，使洋葱头不受直射光的照射。晾晒 2～3 天翻动 1 次，再晒 2～3 天，通常此时将其编成辫子，每辫 40～60 头，约 1 米长，编好后再摊在地上继续晾晒几天，使洋葱充分干燥后再进行贮藏。

洋葱在收前 10～15 天，田间喷 0.2%～0.25%的马来酰肼，每亩喷 50 千克，喷药前 3～5 天停止浇水，喷药后 1 天内若遇雨需重新喷布。可抑制贮藏期洋葱呼吸，延迟发芽。

7. 洋葱常用的贮藏方法有哪些？

洋葱常用的贮藏方法有辫藏、挂藏、堆藏、垛藏、筐藏、架藏、袋藏、泥封贮藏、剥皮贮藏、辐射贮藏等。

8. 洋葱如何进行辫藏？

鲜洋葱的贮藏主要是为了降低鳞茎的含水量，为长期贮藏创造条件。方法为：在干燥向阳的地方将采收后的洋葱植株茎叶朝上，葱头向下斜向密集排列在一起，使每 1 排茎叶正好盖在前 1 排的葱头部分，而不使烈日直射葱头。2～3 天翻动 1 次，再晒 2～3 天。在天晴和气候干燥的情况下，晾晒 4～6 天至叶片发黄、绵软能编辫时即可。如晾晒时间过长，则叶片枯黄发脆易断，编辫较困难，而且一旦被雨淋湿，也容易引起腐烂。

洋葱晾至近干时，为避免降雨淋湿，或由于人手不足不能及时编辫时，可先选择干燥的地方，在距地面 20 厘米左右处用秫秸等搭成架子，然后将葱头朝外逐层堆放，使中间高于四周，再在堆上覆盖 2～3

层芦席为佳。

经过晾晒的葱头再进行挑选，剔除发黄、绵软的叶子，相互编成 80 厘米左右的长辫。两条辫结在一起成为 1 挂。一般每挂有 60 个葱头，重 5 千克左右。如晾晒后的葱头叶子少而短，编不起时，可添加些湿稻草等共同编辫。

编辫后的洋葱，还需要摊在地面上继续晾晒 5～6 天，进行晒辫。晾晒的标准为：葱叶绿色完全褪去，葱头充分干燥，茎部完全变成肉质，鳞茎外皮有发脆的响声时为宜。在晒辫期间最怕雨淋，因为已编结在一起，一旦被雨浇湿，即使再晒也不易干透，而且受潮的洋葱在贮藏中很容易腐烂。因此，在晒辫时要注意气候的变化和防雨工作。中午阳光强烈时，最好用芦席稍盖一段时间后再揭开晾晒。

经晒"辫"后的洋葱进行长期贮藏时，应选择地势高、排水良好的地方，铺一层稻草或麦秆垫底隔潮。然后将葱头 1 挂接 1 挂堆至高 1.5 米左右。堆完后，在顶部盖 3～4 层芦席，四周用两层芦席围好，再用绳子横竖扎紧。这样既可避免阳光的直接照射，又能防止雨水渗入。在室内堆藏时不需覆盖，但应通风良好。如将其挂在屋檐下，因处在较干燥、通风、淋不着雨的环境下，贮藏效果更好。

9. 洋葱如何进行挂藏？

洋葱收获后经晾晒，当重量减少约 20% 时，按每把重约 4 千克扎把，少量可挂在屋檐下面。一般高 2.6 米、宽 2.8 米、长 7 米的挂藏库，可贮 3500 千克。在室内搭架进行挂藏时，挂藏的主要管理工作是通风。据经验介绍：当有西北和西南风时，开窗通风，降温散湿；当有东南风和东北风时，要关闭门窗。另外，必须随时防止淋雨和剔除个别腐烂的洋葱鳞茎。用这种方法一般可贮藏到 9～10 月份。

东北辽宁等地，是将充分干燥、已经扎把的洋葱装筐贮存，或散堆在通风库房、防雨棚内。平常要注意通风管理和防止堆积过厚，到 11 月份天气已冷时再集中到比较严密的室内，注意防冻，继续进行贮藏。

⑩ 洋葱如何进行堆藏？

(1) 室内堆藏 又称为囤藏，洋葱收获后晾晒几天，待外皮干燥时，切去假茎和叶片部分，对葱头再进行 1 次选择，把符合贮藏条件的洋葱，堆放在通风、干燥的室内，堆高 80～100 厘米，隔 10～15 天翻堆 1 次，到中秋以后气温稳定，即可入囤。囤的构造和粮囤一样，下面用竹木搁起，四周用卷席围成圆筒状。囤底铺 1 层秸秆稻草，上铺洋葱 3～4 层，再夹铺 1 层秸秆稻草，以利于通风、降湿、散热，这样一层一层往上堆，满囤为止。每隔 15～20 天翻堆 1 次，翻堆 2～3 次后，气温降低，不必再翻堆了。如遇寒冷天气，囤顶覆草防冻。

（2）室外码垛堆藏 具体方法是，在收获、晾晒、编辫、再晾晒使鳞茎充分干燥的基础上，首先码上小垛。垛下面用土埂、木檩等垫高 30～50 厘米，上铺秫秸，将洋葱辫子一层层码好，垛高 1 米，宽 2 米左右，顶部用苇席等物盖好防雨。经十余天后，选晴天摊开再晒，这样反复晾晒 2～3 次，洋葱辫子充分干燥后便可上大垛。大垛高 1.5 米，宽 1.2～1.5 米，长约 8.3 米，这样一垛可贮洋葱 5000 千克。为了防止洋葱受潮，要选地势高燥，空气流通，排水良好的地块，南北向垒两行间距 0.66 米，宽 1 米的土埂，铺上木檩，上垫秫秸厚约 20 厘米作底。将充分晾晒的洋葱辫子头朝外，辫梢朝内一层层码放整齐。垛好后，四周用两层苇席围好，并用绳子横竖扎紧，垛顶先铺稻草，再压土，抹泥防雨，这样可防阳光直晒和雨水渗入。

为了降低垛内温度，码垛最好在晴天黎明进行。白天码垛因洋葱晒得很热，容易发生腐烂。如果连续降雨或阴天，当天气转晴时，可留一层席，将其余席子揭起晾晒，而后再封好。封垛以后，只要不是漏雨，不应倒垛，以防碰伤促使萌芽。在码垛和搬运时要轻拿轻放，以免造成机械损伤。

也可采取不编辫码垛的，方法是将经过充分晾晒的洋葱扎成小把，然后选地势高的场所，在地面上垫起约 20 厘米厚的麦秸作垛底，把洋葱堆成圆形垛，底部直径 2 米，高 1.3 米左右，可贮 750～1500 千克，垛的四周围麦秸，顶部也用麦秸做成屋顶状，以防淋雨。

11. 洋葱如何进行垛藏？

为了防止上垛后散发的水分积存，应先上小垛。小垛是临时性的，一般高1米、长2米左右，宽度即辫子的长度。小垛下面用木檩垫起，上面铺一层干秫秸（高粱秆）或芦苇，然后把编辫的洋葱一层层放好，使辫子的末梢朝外，用苇席等物盖好，以免淋雨或沾上露水。

正式上垛（上大垛）贮藏时，垛宽1.2～1.5米（约和两条洋葱辫的长度相当），高约1.5米，长约8米，这样1垛可贮洋葱约5000千克。要选地势高、排水好的地方，先在地面做起高约1米的土埂，土埂间距0.6～0.7米；为了减少日晒土埂，要东西延长，洋葱垛为南北延长。在土埂上铺木檩，木檩上再垫20厘米厚的干秫秸或芦苇，把垛底做好以后，便可码垛。为了降低垛内温度，最好选晴天的半夜或黎明前码垛，如果白天码垛，受日晒后温度高、易腐烂。码垛时洋葱辫的梢部（末端）要互相搭接，一层层码放整齐，轻拿轻放，尽量避免磕碰，这样便于封垛。垛码好以后，四周用两层苇席围好，垛顶要覆盖5～6层苇席，也可在席下铺1层塑料薄膜或沥青油毡，以防漏雨，然后用绳捆扎封垛。也有的在垛顶上先铺干燥的稻草，然后压土、抹泥，这样比用苇席更节约。

封垛以后，只要不是严重漏雨，最好不要倒垛，因倒垛往往促使洋葱萌芽。在连续降雨或阴雨连绵的天气过去以后，当天气转晴时，可将四周的席子去掉 1 层，进行晾垛，而后再封好。这种方法，在天津地区可贮存到元旦以后。

12. 洋葱如何进行剥皮贮藏？

将已晾晒后的鳞茎剥掉外皮（保护叶），再把底盘部割（挖）除，即可起到抑制发芽和防止腐烂的作用。这种方法仅能用于自食和少量贮藏。

13. 洋葱如何进行辐射贮藏？

利用放射性同位素钴-60（^{60}Co）的 γ 射线处理洋葱后，可以破坏洋葱的生长点，使呼吸作用减弱，抑制发芽，延长贮藏期。

用钴-60 照射洋葱的具体做法是：宜在洋葱采收后 2～3 周内进行，适宜处理的剂量为 1～2.6 库仑/千克，照射的洋葱幼芽萎蔫不能再生长，凡经钴-60 照射的洋葱不能留种。处理后可在常温下进行贮藏，冬季要放在 0℃ 以上库中保存。

14. 洋葱如何进行筐藏？

洋葱适时采收后要充分晾晒，2～3 天翻倒 1 次，待叶子变黄，捆成小把。葱头向外、叶向里，堆成圆垛，内部形成空心的圆锥体。每隔 4～5 天倒垛 1 次，切忌淋雨，尔后去掉叶，装入木条箱或筐内，每筐 25～30 千克。然后堆入窖内或码在普通库内，一般堆码 3～4 层，保持经常干燥，并注意通风。冬天在窖温、库温不低于 -3℃ 的条件下，一般可贮藏到翌年 5 月份。

15. 洋葱如何进行泥封贮藏？

将丰满无伤的洋葱裹在泥球内，阴干，码放或装筐置于干燥处保管。或者用木板做一个长 0.36 米、宽 0.21 米、高 0.06 米的坯模子，然后用沙土和泥混合，再把洋葱剪去茎叶，与泥混合脱成土坯。具体方法是：先在模底铺一层泥，泥上摆一层洋葱，洋葱上再盖一层泥。如此脱成一块块土坯，经充分晾晒后，搬进空屋内码成垛，用时碎坯取葱头，非常方便。

16. 洋葱如何进行架藏？

在贮藏窖或库内，用木杆搭成宽 1 米、高 1.5 米的木架，共分三层，以木板或秸秆为隔板，然后将洋葱分层放在木架上。这种贮藏方法比较经济，但要求室温不低于 -3℃。利用居民住房贮藏，要防止烟熏和水蒸气。

17. 洋葱如何进行袋藏?

将准备贮藏的洋葱,严格挑选后去叶,留茎5～10厘米,装入网眼袋中,挂放于架上。这种方法通风良好,不霉烂,贮存时间长,效果好。

18. 洋葱如何进行冷库贮藏?

出口洋葱多用冷库贮藏法和塑料膜贮藏法。冷库贮藏法即将经过晾晒的洋葱装网袋,码放于冷库中所搭的架子上或散堆于冷库中。特点是贮藏效果好,但造价较高;塑料气调贮藏法特点是效果较好,成本较低。

(1) 冷库内搭架子 冷库内用木杆搭成木架,架子40厘米为一层,以木板或竹竿为隔板,分层成搁物架。

(2) 贮前消毒 在洋葱入库前1周,对所有设备进行安全检查,不合格的要立即更换。然后,在上轮冷藏品出库后消毒处理的基础上,再对库、架、袋等进行全面清洗和消毒处理。消毒可熏蒸或喷雾。

① 熏蒸法:通常采用的是硫黄熏蒸消毒。硫黄用量为5～10克/米^3,加入适量锯末,置于陶制器皿中,点燃后产生能灭菌的二氧化硫气体,达到消毒目的。熏蒸时密闭库房24小时,然后打开库房通风,放出残气和刺激气味;最后再用食醋5克/米^{3}进行熏

蒸，一是灭菌，二是校正气味。

② 喷雾法：通常采用的是过氧乙酸、福尔马林和漂白粉等溶液喷雾消毒。

过氧乙酸消毒：1 份双氧水加 2 份冰醋酸混合后，按混合液总量的 1％加入浓硫酸，再在室温静置 2～3 天即得 15％的过氧乙酸，然后再将其稀释到 0.5％～0.7％浓度时即可，用量为 1 毫克/米³，用喷雾器将药液喷洒库房四壁和地板、天花板。

福尔马林消毒：用 1％～2％的福尔马林溶液喷洒消毒。

漂白粉消毒：用 0.3％～0.5％漂白粉溶液喷洒消毒，其后也可加喷 1 次过氧乙酸溶液（配制和用量同上）进行更彻底的消毒。

（3）贮前愈伤处理 可在田间或荫棚内利用自然高温条件进行，也可在库房内用 27～35℃干热风处理 2～4 天，当洋葱茎部变细，外部鳞片变干发脆时即可转入 0℃的环境下贮藏。

（4）冷库贮藏方法 华北地区在 8 月中下旬鳞茎脱离自然休眠以前装箱，垛于冷库内。温度的调节是以洋葱入库时的体温为起点，每天下降 0.5℃，直至库温降到 -2℃时为止。以后每天通风以降低热量。冷库贮藏效果较好。

（5）贮藏注意事项

①架上预冷温度不能低于 0℃或高于 1℃。②货架要光滑，无尖棱、尖角和铁丝等物，最好用消过毒的废旧塑料薄膜将架子垫（或绑）上，使之光滑。

③预冷时不要将洋葱放在蒸发器附近的架子上，以免发生冻害，机房要随时掌握入库量和库温情况，少开冷风机。④通风口处要用棉垫遮盖，以免冷气冻伤。

为了促进收获后的鳞茎休眠和防止腐烂，一些工业发达国家进行热风干燥处理。即以 40～45℃、12～16 小时连续送风进行干燥处理，使洋葱鳞茎的水分大约减少 10％即可。在进行的热风干燥处理时，要密切注意温度的变化，如果经受 45℃以上的高温时间过长，会对洋葱鳞茎的品质发生不良影响。进入冷库的时间可在生理休眠的后期，这样更为经济。若入库时间偏晚，则影响贮藏效果。入库时可装在木箱或网袋中。库内贮藏适温为 0～2℃。以入库前贮藏环境的温度作为入库后变温的起点，一般按每天下降 0.5℃的程度逐步进行降温。例如，入库前贮藏温度为 20℃，则在 40 天后降到 0℃。

19. 洋葱如何进行气调贮藏？

用快速降氧法或自然降氧法，以减少洋葱贮藏环境中的氧气。可在洋葱休眠期内进行。方法是，先在清理消毒的地窖或地下室内铺一层规格大于垛底，厚0.14～0.23 毫米的薄膜作帐底，上撒 10～15 千克消石灰，垫上 2～3 层砖，在上面码放木箱，每木箱装充分干燥的洋葱 17.5 千克。木箱可码成长方体，长 6箱，宽 4 箱，两层共放 840 千克左右。而后罩上与垛大小相等的薄膜帐子，将帐子底边与帐底的薄膜一起卷起，用砖或土压紧。帐子四周如有抽气孔、通风口也要扎紧，这样构成一个密闭的贮藏系统。封帐后，垛内洋葱由于呼吸作用，使二氧化碳逐渐升高，氧气逐渐减少，可以达到缺氧贮藏的目的。一般气调贮藏，帐内氧的含量指标为 $1\%\sim3\%$，二氧化碳含量为 $5\%\sim10\%$。在贮藏过程中每隔 $25\sim30$ 天检查 1 次，拣出病、烂的洋葱，继续贮藏。

气调贮藏是在密闭的条件下，通过人为措施来减少贮藏环境内的氧气，并进一步调节氧气和二氧化碳的含量比例，把洋葱鳞茎的呼吸强度降到维持正常而最低的代谢水平，以延长贮藏期和防止抽芽。根据试验和示范证明：采用气调法贮藏洋葱，将氧气控制在 $1\%\sim3\%$、二氧化碳控制在 $5\%\sim10\%$，对抑制洋葱鳞茎抽芽效果良好。

20. **收购的洋葱如何保鲜?**

(1) 收购　收购品种主要是黄皮圆球和白皮圆球洋葱，要求鳞茎大，质地脆嫩，组织致密，品质优良，葱头良好，无病变霉斑，无畸形，无双芯，无机械损伤，无干瘪或发软，表面干净，保留一层老皮。注意雨天不能收购，贮存时不能让雨水淋泡，否则易造成洋葱烂芯，同时，严禁碰撞及太阳暴晒，以防破坏内部组织而腐烂变质。

(2) 粗挑　将霉变、畸形、双芯、带机械损伤等的圆葱挑出。

（3）带叶挂晒 将圆葱 3～5 个捆绑在一起，置于阴凉透风处挂晒，切忌暴晒。

（4）剪茎 晾晒 4～5 天，待外层表皮有亮光时剪茎，即剪掉过长的假茎，一般以留假茎 1～1.5 厘米为宜。

（5）剪根 将竹片削制成小刀形，称之为竹刀，用竹刀将根部泥土和根毛刮净。

（6）分级装箱称重 将经过挑选的洋葱分级别装入包装箱或网袋中，以洋葱直径大小为标准，一般分为：M 级，直径 6～7 厘米；L 级，直径 7～8 厘米；2L 级，直径 8 厘米以上。也有的蔬菜加工厂分为：M 级，直径 7～8 厘米；L 级，直径 8～9 厘米；2L 级，直径 9～10 厘米；3L 级，直径 10 厘米以上。

包装用纸箱内层要涂防水涂料，顶部留 5 厘米空隙，包装箱侧面要打孔，一般每侧各打 2 个孔。10 千克包装的纸箱长 370 毫米，宽 255 毫米，高 215 毫米；20 千克包装的纸箱长 455 毫米，宽 300 毫米，高 275 毫米。若用网袋，10 千克包装的网袋长 600 毫米，宽 350 毫米，重 20 克以上；20 千克包装的网袋长 800 毫米，宽 400 毫米，重 40 克以上。包装完毕，箱体分别以"M""L""2L""3L"的字样标注。

（7）入库 包装完毕，入恒温库预冷、贮存，温度设定为 1℃。

（8）运输 常用的运输方式有半开门普通集装箱运输和恒温箱运输。半开门集装箱运输要求洋葱含水分低，箱体底部用木托盘支撑，顶部留有 30～40 厘米通风道以利于通风。普通集装箱最好用 6 米小集装箱，时间最好于 6 月 20 日之前，6 月 20 日后须用恒温箱运输，恒温箱温度设定为 1～3℃。

21 洋葱如何进行脱水加工？

（1）选料 加工脱水洋葱片的原料应选用中等或大型的健康鳞茎，要求葱头老熟，结构紧密，茎部细小，肉质呈白色或淡黄色，辛辣味强，无青皮或少青皮，干物质的量不低于 14%。

（2）整理 切去茎和根，剥去不可食的鳞茎外层。

（3）切分 将整理好的洋葱切分为 4 块，即上一刀，下一刀，做十字形切，但不要切断。再用切片机横切成厚度为 2～3 毫米的薄片。

（4）清洗 将切分好的葱片在清水中充分洗涤，以洗尽白沫为度。

（5）护色 清洗干净的洋葱片用 0.2% 的碳酸氢钠溶液浸渍 2～3 分钟，然后捞出沥干。

（6）离心 沥干的洋葱片用离心机除去表面水。

（7）脱水 将洋葱片均匀摊入烘筛中进行脱水，装载量 4 千克/米^2，烘房温度掌握在 55～60℃，烘至含水量在 4.5% 左右即迅速出烘，拣出潮片回烘。

（8）成品挑选 除去焦褐片、老皮、杂质和变色的次品（次品可磨粉出口）。

（9）水分平衡 待产品冷却后立即堆于密闭的容器内，使水分趋于平衡。

（10）包装 将洋葱片装入内衬塑料薄膜袋的纸板箱内，每箱 20 千克。

22. 如何加工生产洋葱调味蔬菜罐头？

（1）原料及处理

① 黄瓜 冷水浸泡后刷洗干净，并切去两端，再以切菜机切成 0.3～0.4 厘米的片，用 1% 的食盐腌 15 分钟备用。

② 甘蓝 剥去外部青叶，切除根部及中心柱，洗净后切片，然后切成 3 厘米见方的小片，沸水热烫 1～2 分钟，冷水中冷透，取出沥干备用。

③ 洋葱 切除根部，剥去老皮，洗净后切成 0.4～0.6 厘米的丝备用。

④ 青番茄 洗净，除去蒂，切成 0.3～0.5 厘米厚的片。

⑤ 干红辣椒 摘去果梗，去籽，洗净后剁成碎块。

（2）混合、装罐 黄瓜片 50 千克，洋葱 15 千克，青番茄 15 千克，干红辣椒 0.5 千克，甘蓝 20 千克，混合装入抗酸涂料罐中。装后及时加入热的汤汁。汤汁的原料配比为砂糖 40 千克，水 150 升，味精 0.1 千克。固形物不低于净重的 70%。

（3）排气、密封　常采用抽气密封，也可由加热排气至 75℃以上。

（4）杀菌、冷却　由于含有醋酸，pH 较低，采用一般的常压杀菌即可完成。

23. **如何加工生产油炒洋葱？**

（1）原料收购　要求洋葱鳞茎大，质地细嫩，组织致密，无霉斑，无病变，无烂芯。

（2）清理　将洋葱的根与芽去掉。

（3）清洗　洁净水清洗 2 遍。

（4）切割　用切割机将洋葱切成均匀细条状。

（5）漂烫　83℃水中漂烫 5～6 分钟。

（6）脱水　用脱水器将洋葱条表面水甩净。

（7）油炒　将洋葱条加油倒入炒锅中炒，一般每 600 千克洋葱条加油 5.6 千克或遵客户要求。

（8）混合　一般每 10 锅倒入搅拌器中混合 1 次，以使质量稳定。

（9）包装　将炒好的洋葱条装入包装袋中，封口时，注意蘸一下酒精以达消毒之目的。

（10）速冻　一般于速冻间冻结。

24. **如何加工生产酸洋葱葱头？**

（1）配料　小葱头 10 千克，洋醋（醋精）750 克，白胡椒 25 克，白砂糖 750 克，盐 150 克，小鲜红辣椒 1～2 个。

（2）加工方法 将葱头的根部和顶端用刀切去，剥除外层老皮，洗净后放在冷水中，加盐少许，泡两天左右，两天中换水 1 次，待葱头本身的辣味泡出后，即可捞出用冷水冲洗，放入坛内，倒入料汤浸没，浸泡 14 天后即可食用。

料汤是将佐料放入开水中，旺火煎熬两小时左右制成，汤的数量以葱头全部浸没为宜。熬好料汤后待其凉后即可应用。

酸葱头的质量以色白、质脆，酸、甜、辣味浓，稍有葱头味为佳。如葱头味浓，色泽不正者，不符合质量要求。

酸葱头不耐保管，泡制好后夏季最多可保管 1 星期，冬季 15 天左右。如日期过长，料汤和葱头均会变色、变质，不能食用。

25. **如何加工生产鲜切洋葱？**

工艺流程是：原料→贮藏→去皮→切片→消毒→离心脱水→包装→冷藏。

（1）原料的选择 选择含水量较低，不易发生变色的黄皮洋葱作原料。

（2）切片 将洋葱鳞片切成 1 厘米大小的方块。

（3）消毒 将洋葱片放在 100 毫克/千克的次氯酸钠冷水溶液浸渍 30 秒，捞出后予以离心脱水。

（4）包装 采用 2% 的氧气加 10% 的二氧化碳的

气调包装。

（5）**冷藏**　鲜切的洋葱片包装后，应放在 4℃的温度条件下贮藏。

26. **如何加工生产多味洋葱？**

（1）**原料选择**　洋葱、砂糖、干姜粉、姜黄粉、精盐、糖精、白胡椒粉、红辣椒粉、洋葱浆汁。

（2）**处理**　选用直径在 5 厘米以上的新鲜洋葱，去枯叶，切除尖芽，削去根部。围腰部周围转圈每隔 10 毫米纵切一下，至中心一半的深度，注意不要散瓣。

（3）**浸石灰**　把切好的洋葱即刻投入饱和澄清的石灰水中浸泡 10 小时左右。取出，用清水漂净。

（4）**配料、糖渍**　在 20 千克 50%砂糖水溶液中加入干姜粉 0.28 千克，姜黄粉 0.2 千克，精盐 0.2 千克，糖精 0.08 千克，白胡椒粉 0.08 千克，红辣椒粉 0.08 千克，洋葱浆汁 0.08 千克，一同入锅，煮沸，再投入洋葱 30 千克，煮沸 5 分钟。停止加热，浸渍 2 天，中间翻动 2 次。然后加热煮到糖液大半干后，停止加热。

（5）**烘制、整形**　把洋葱移出，散放在托盘上，以 55～60℃烘干外部后，再稍稍剥开，烘到中心部位，烘干到呈半透明状为止，含水量超过 20%。冷却后把洋葱整理成完整的开花形。

（6）**成品包装**　用透明聚乙烯袋密封包装。

27. 如何加工生产洋葱酱？

工艺流程：鲜洋葱→去皮→切根盘→冲洗→切片、切丝→破碎→胶磨→调酸→加热→酶解→打浆→胶磨→预热→浓缩→装罐→封口→杀菌→冷却→成品。

操作要点：

（1）原料验收 用辛辣味足的鲜洋葱，可溶性固形物达到 8％以上，无杂色霉变。

（2）去根去皮 用摩擦法去皮，用蔬菜多功能机切根盘，无残留纤维老皮及根须。

（3）切片和破碎 切成厚度为 0.3～0.5 厘米的圆片或丝；破碎筛孔径调整为 0.8 厘米进行破碎。

（4）胶磨和调酸加热 胶磨间隙调整为 30 微米。用 0.25％～0.3％柠檬酸液调整洋葱的 pH 到 4.4～4.6，在 85～90℃温度下，加热洋葱浆 8～10 分钟。

（5）酶解 洋葱浆可溶性固形物调整为 6％～7％，酶添加量 0.15％～0.2％，酶解温度 40～45℃，pH 为 4，时间 15～20 分钟，浆料酶解后可溶性固形物一般为 6.5％～7.5％。

（6）打浆和胶磨 采用双道打浆机打浆，头道筛孔为 0.8 毫米，二道筛孔为 0.6 毫米；胶磨间隙为头道 10 微米，二道 5 微米。

（7）预热和浓缩 二次浓缩温度为 65～68℃，终点可溶性固形物为 16％～18％；预热温度为 90～

95℃，时间 6～8 秒。

（8）装罐和封口　用 198 克马口铁罐装罐封口，顶隙 6～8 毫米，葱酱温度为 85～88℃。

（9）杀菌和冷却　在 85℃的温度条件下分别杀菌 5 分钟、25 分钟和 5 分钟，然后冷却至 45℃左右。

（10）检验　30℃下保温 10 天，并按商业无菌标准检验。质量标准：要求葱酱体均匀细腻，无析水，色浅黄，洋葱香味浓郁，酸甜可口，无可见纤维、杂质。可溶性固形物 16%～18%，总糖小于 15%，pH 为 3.8～4.2，每 30 秒黏度 6～9 厘米。每 100 视野霉菌数小于 40 个，致病菌不得检出。

28　**如何加工生产洋葱油？**

　　洋葱油就是富含硫化物的洋葱活性物质，具有多种药用价值。提取洋葱油的方法大致有常压水蒸气蒸馏法、室温减压水蒸气蒸馏法、溶媒萃取法、超临界二氧化碳萃取法等。在此基础上，南京农业大学园艺学院研究出一种高效低成本，适合工厂化生产的提取方法，即减压水蒸气蒸馏法。具体的工艺流程如下：

$$\text{洋葱原料} \xrightarrow{\text{粉碎}} \text{洋葱匀浆} \xrightarrow[\text{室温，温浸}]{\text{放置 3 小时}} \text{发酵液}$$

$$\xrightarrow[\text{蒸馏 3～4 小时}]{\text{5～6 kPa，}-5℃\text{冰盐水}} \text{蒸馏液} \xrightarrow{\text{二氯甲烷}} \text{萃取液}$$

$$\xrightarrow[\text{无水 Na}_2\text{SO}_4\text{ 脱水}]{\text{回收有机溶剂}} \text{洋葱油}$$

29 **如何加工生产洋葱鸡肉丸？**

具有西方风味的洋葱鸡肉丸，葱味浓郁，香嫩柔软，营养丰富，受到日本、德国等国外市场的青睐。

(1) 原料肉的选择 选择经兽医卫检合格的新鲜（冻）去骨鸡肉和适量的瘦猪肉作为原料肉。由于鸡肉的含脂率太低，为提高产品口感和嫩度，混合适量的含脂率较高的猪肉是必要的。解冻后的鸡肉需进一步修净鸡皮、去净碎骨，猪肉也需进一步剔除软骨、筋膜等。

(2) 配料及调味 鸡肉 60 千克，猪肉 40 千克，洋葱 28 千克，大豆蛋白 2 千克，鸡蛋 3 千克，淀粉 6 千克，食盐 1 千克，洋葱 1 千克，生姜 0.5 千克，磷酸盐 0.15 千克，味精 0.1 千克，白胡椒粉 0.15 千克，水适量。

(3) 原辅材料的处理 品质优良的新鲜洋葱洗净切成米粒大小；大豆蛋白加水用搅拌机搅拌均匀；鸡蛋打在清洁容器里；解冻后的鸡肉、猪肉切成条块状，低温下绞成肉末。处理后的原辅料随即加工使用，避免长时间存放。

(4) 混合与成型 把准确称量的原料肉的肉末倒在搅拌机里先添加食盐和适量的水充分搅拌均匀，再添加磷酸盐、鸡蛋、大豆蛋白和洋葱等辅料继续搅拌混合，最后添加淀粉并搅拌均匀。整个搅拌过程的温度要控制在 4℃以下。肉丸的成型由成型机完成，使用旋转桶式、充填量可调的成型机。

（5）油炸或水煮 油炸洋葱鸡肉丸：成型机出来的肉丸随即放入沸腾的油锅里油炸，形成一层漂亮的浅棕色或黄褐色的外壳以固定形状。肉丸从油锅里捞出适当冷却后，放入沸腾的水锅中煮熟。水煮洋葱鸡肉丸：肉丸成型后随即放入沸水锅中煮熟。为保证煮熟并达到杀菌效果，要使产品的中心温度达到 70℃，并维持 1 分钟以上，煮沸时间不宜过长，否则会导致产品出油而影响风味和口感。

（6）预冷和冻结 煮熟后的肉丸进入预冷室预冷，预冷温度 0～4℃，预冷室空气需用清洁的空气机强制冷却。预冷后入速冻库冻结，速冻库温 -23℃ 甚至更低，使产品温度迅速降至 -15℃ 以下。

（7）检品和包装 产品重量、形状、色泽、味道等感观指标必须经检查合格。薄膜小袋包装，再按要求装若干小袋为一箱。

（8）检验与冷藏 卫生指标为细菌总数小于 5000 个/克；大肠杆菌群，阴性；致病菌，无。合格产品在 -18℃ 以下的冷藏库冷藏，贮存期为 10 个月。

附录

无公害食品　洋葱
生产技术规程
NY/T 5224—2004

1　范围

本标准规定了无公害食品洋葱的产地环境、生产技术、病虫害防治、采收和生产档案。

本标准适用于无公害食品洋葱生产。

2　规范性引用文件

下列文件中的条款，通过本标准的引用而成为本标准的条款。凡是注日期的引用文件，其随后所有的修改单（不包括勘误的内容）或修订版均不适用于本标准，但是，鼓励根据本标准达成协议的各方研究是否可使用这些文件的最新版本。凡是不注日期的引用文件，其最新版本适用于本标准。

GB 4285　农药安全使用标准（已废止）

GB/T 8321（所有部分）　农药合理使用准则

NY/T 496—2010　肥料合理使用准则　通则

NY 5010—2010　无公害食品　蔬菜产地环境条件

3　产地环境

应符合 NY 5010—2010 的规定。选择地势平坦，排灌方便，肥沃疏松，通气性好，2 年～3 年未种过葱蒜类蔬菜的壤土地块。

4　生产技术

4.1　品种选择

4.1.1　品种选择

不同地区应根据当地气候条件和目标市场的需要，选用与其生态类型相适应的优质、丰产、抗逆性强、商品性好的品种。华北、东北、西北等高纬度地区应选用长日照型品种，华中、华南、西南等低纬度地区应选用对长日照反应不敏感的品种。

4.1.2　种子质量

应选用当年新种子。种子质量要求纯度≥95%，净度≥98%，发芽率≥94%，水分≤10%。

4.2　播种育苗

4.2.1　播种期

应根据当地的气候条件和栽培经验确定安全播种期。华北北部、东北南部、西北部分地区在 8 月下旬至 9 月上旬播种；长江流域、黄河流域、华北南部等中纬度地区在 9 月中下旬播种；夏季冷凉的山区和高纬度北部地区 2 月中上旬于日光温室内播种，或 3 月中上旬于塑料大棚内播种。中早熟品种比晚熟品种早播 7d～10d；常规品种比杂交品种早播 4d～5d。

4.2.2　苗床的制作

4.2.2.1　地块和设施选择

　　选择地势高燥，排灌方便的地块，并符合本标准3的规定。在北方寒冷地区根据当地的气候条件选择日光温室、塑料大棚、阳畦和温床等育苗设施。

4.2.2.2　整地和施肥

　　育苗地选好后，每 $667m^2$ 苗床施用腐熟的优质有机肥 $3000kg \sim 5000kg$，将 50% 辛硫磷乳油 $400mL$ 加麦麸 $6.5kg$，拌匀后掺在农家肥上防治地下害虫。然后翻地使土肥混匀，耙细、整平、作畦。在畦内每 $667m^2$ 施入磷酸二铵 $30kg \sim 50kg$、硫酸钾 $25kg$。

4.2.2.3　制作

　　南方采用高畦育苗，北方采取平畦育苗。畦面宽 $1.2m$，畦埂宽 $0.4m$，做好畦后踏实，灌足底水，待水渗下后播种。定植 $667m^2$ 大田洋葱需育苗 $50m^2 \sim 80m^2$。

4.2.3　播种

4.2.3.1　播种量

　　 $1m^2$ 苗床的播种量宜控制在 $2.3g \sim 2.5g$。

4.2.3.2　种子处理

　　用 $50℃$ 温水浸种 $10min$；或用 40% 福尔马林 300 倍液浸种 $3h$ 后，用清水冲洗干净；或用 0.3% 的 35% 甲霜灵拌种剂拌种。

4.2.3.3　播种方法

　　将种子掺入细土，均匀撒在畦面上，然后均匀覆盖厚度 1cm 左右细干土，在畦面上覆盖草苫、麦秸等。

4.2.4　育苗期的管理

4.2.4.1　撤除覆盖物

一般播种后 7d 开始出苗，待 60% 以上的种子出苗后，于下午及时撤除覆盖物。

4.2.4.2　浇水

齐苗后用小水灌畦，以后保持畦面见干见湿。在定植前 15d 左右适当控水，促进根系生长。

4.2.4.3　施肥

苗期一般不需追肥。若幼苗长势较弱，每 66.7m^2 苗床随水冲施尿素 1kg。

4.2.4.4　除草、防病、治虫

可采取人工拔除的方法除草。化学除草的方法是：用 33% 二甲戊乐灵乳油每 667m^2 用 100g～150g，或用 48% 双丁乐灵乳油 200g，对水 50kg，播后 3d 在苗床表面均匀喷雾，注意用药不宜过晚。在苗床上喷 1 次 72.2% 霜霉威水剂 800 倍液，防治洋葱苗期猝倒病。如发现蝼蛄，可喷布 50% 辛硫磷乳油 1000 倍液，或于傍晚撒施毒饵诱杀，毒饵用 250 份麦麸或豆饼掺炒香后，加 1 份 90% 敌百虫制成。

4.2.5　壮苗标准

洋葱壮苗标准因品种、育苗季节等不同而有差异。一般为株高 15cm～18cm，茎粗 5mm～6mm，具有 3 片～4 片叶片，苗龄 50d～60d，植株健壮，无病虫害。

4.3 定植

4.3.1 整地、施肥、作畦

根据土壤肥力和目标产量确定施肥总量。磷肥全部作基肥，钾肥 2/3 作基肥，氮肥 1/3 作基肥。基肥以优质农家肥为主，2/3 撒施，1/3 沟施。施肥应符合 NY/T 496—2010 的规定，施用的有机肥应符合无害化卫生标准。

施足基肥后，将地整平耙细，并使土肥混合均匀，然后按照当地种植习惯做畦，整平畦面后，浇水灌畦，待水渗下后，喷施除草剂。除草剂每 667m^2 用 72％异丙甲草胺乳油 50mL，或 33％二甲戊乐灵乳油 100mL，全田均匀喷施，然后覆盖地膜。

4.3.2 适期定植

4.3.2.1 定植时期

洋葱的定植期应严格按照当地温度条件确定。洋葱的定植期分为冬前定植和春季定植两类。长江流域、黄河流域、华北南部等中纬度地区一般在冬前旬平均气温 4℃～5℃时（"立冬"前后）定植；华北北部、东北地区、西北部分地区应在春季土壤化冻后及早定植。

4.3.2.2 定植密度

洋葱的定植密度一般为株距 12cm～15cm，行距 15cm～18cm。因土壤肥力、品种等不同而略有差异。土壤肥力高适当稀植，土壤肥力低适当密植；晚熟品种和杂交品种适当稀植，中早熟品种和常规品种适当密植。

4.3.2.3 定植方法

4.3.2.3.1 起苗分级

先在苗床浇透水，起苗后按幼苗大小分级，剔除病苗、弱苗、伤苗。

4.3.2.3.2 定植方法

定植前将幼苗根部剪短到 2cm，然后用 50％ 多菌灵 500 倍～800 倍液蘸根。定植时按幼苗大小级别分区栽植。先按株、行距打定植孔，再将幼苗栽入定植孔内，定植深度埋至茎基部 1cm 左右，以埋住茎盘、不掩埋出叶孔为宜。

4.4 田间管理

4.4.1 浇水

洋葱定植后立即浇水，3d～5d 再浇 1 次缓苗水。冬前定植的，土壤封冻前浇 1 次封冻水。第二年返青时浇返青水。叶部生长盛期，保持土壤见干见湿，一般 7d～10d 浇 1 次水。鳞茎膨大期增加浇水次数，一般 6d～8d 浇 1 次水。收获前 8d～10d 停止浇水。

4.4.2 追肥

根据土壤肥力和生长状况分期追肥。返青时随水每 667m^2 追施尿素 5kg～7.5kg。植株进入叶旺盛生长期进行第二次追肥，每 667m^2 追施尿素、硫酸钾各 5kg～7.5kg。鳞茎膨大期是追肥的关键时期，一般需追肥 2 次，间隔 20d 左右。每次每 667m^2 随水追施尿素、硫酸钾各 5kg～7.5kg，或氮、磷、钾三元复合肥 10kg。最后一次追肥时间，应距收获期 30d 以上。

5 病虫害防治

5.1 病虫害防治原则

按照"预防为主，综合防治"的植保方针，优先采用农业防治、物理防治和生物防治方法，科学合理地利用化学防治技术，达到生产无公害食品洋葱的目的。

5.2 防治方法

5.2.1 农业防治

5.2.1.1 选用抗病性、适应性强的优良品种。

5.2.1.2 实行3年以上的轮作；勤除杂草；收获后及时清洁田园。

5.2.1.3 培育壮苗，合理浇水，增施充分腐熟的有机肥，提高植株抗性。

5.2.1.4 采用地膜覆盖，及时排涝，防止田间积水。

5.2.2 物理防治

播种前采取温水浸种杀菌，保护育苗和保护栽培条件下采用蓝板诱杀葱蓟马。

5.2.3 生物防治

在应用化学防治时利用对害虫选择性强的药剂，减少对瓢虫、小花蝽、姬蝽、塔六点蓟马、寄生蜂和蜘蛛等天敌的杀伤作用。在葱蝇成虫和幼虫发生期，用1.1%苦参碱粉剂等喷雾或灌根。

5.2.4 化学防治

5.2.4.1 农药使用的原则和要求

农药使用应符合 GB 4285 和 GB/T 8321 的规定，生产中不使用国家明令禁止的高毒、高残留农药和国家规定在蔬菜上不得使用和限制使用的农药：六六六，滴滴涕，毒杀芬，二溴氯丙烷，杀虫脒，二溴乙烷，除草醚，艾氏剂，狄氏剂，汞制剂，砷、铅类，敌枯双，氟乙酰胺，甘氟，毒鼠强，氟乙酸钠，毒鼠硅，甲胺磷，甲基对硫磷，对硫磷，久效磷，磷胺，甲拌磷，甲基异柳磷，特丁硫磷，甲基硫环磷，治螟磷，内吸磷，克百威，涕灭威，灭线磷，硫环磷，蝇毒磷，地虫硫磷，氯唑磷，苯线磷。

5.2.4.2 病害防治

5.2.4.2.1 紫斑病

发病初期，喷施 50％异菌脲可湿性粉剂 1500 倍液，或 50％代森锰锌可湿性粉剂 600 倍液，或 72％锰锌·霜脲可湿性粉剂 600 倍液，或 64％噁霜·锰锌可湿性粉剂 500 倍液等，以上药剂交替使用，每 7d～10d 喷 1 次，连续防治 2 次。

5.2.4.2.2 锈病

发病初期，喷施 15％三唑酮可湿性粉剂 1500 倍～2000 倍液，或 70％代森锰锌可湿性粉剂 1000 倍液加 15％三唑酮可湿性粉剂 2000 倍液，或 40％氟硅唑乳油 8000 倍～10000 倍液等，以上药剂交替使用，隔 10d 喷 1 次，连续防治 2 次。

5.2.4.2.3 霜霉病

发病初期，喷施 72％锰锌·霜脲可湿性粉剂 600 倍液，或 64％噁霜·锰锌可湿性粉剂 600 倍～800 倍液，或 72.2％霜霉威水剂 700 倍液等，每 7d～10d 喷 1 次，以上药剂交替使用，连续防治 2

次～3次。

5.2.4.2.4 灰霉病

发病初期，喷施50％腐霉利可湿性粉剂1000倍液，或50％多•霉威可湿性粉剂1000倍液，或40％百•霉威•霜脲可湿性粉剂1000倍液等，以上药剂交替使用，每7d～10d喷1次，连续防治2次～3次。

5.2.4.2.5 病毒病

用50％抗蚜威可湿性粉剂2000倍～3000倍液防治蚜虫；或10％吡虫啉可湿性粉剂2000倍～2500倍液，或40％乐果乳油800倍～1000倍液防治蚜虫和葱蓟马，减少或杜绝病毒病传播蔓延。在发病初期，喷洒20％病毒A可湿性粉剂500倍液，或20％吗啉胍•乙铜可湿性粉剂500倍液，每7d～10d喷1次，以上药剂交替使用，连续喷施2次～3次。

5.2.4.3 虫害防治

5.2.4.3.1 葱蓟马

在若虫发生高峰期，喷洒10％吡虫啉可湿性粉剂2000倍～2500倍液，每7d～10d喷1次，连续防治2次～3次。

5.2.4.3.2 葱蝇

定植前用50％辛硫磷乳油1000～1500倍液，或90％晶体敌百虫1000倍液，或1.8％阿维菌素乳油5000倍液，浸泡苗根部2min。成虫发病初盛期，用以上药剂喷雾，每7d喷1次，连续防治2次～3次。幼虫发生初期，也用以上药剂灌根，但加水倍数缩减到喷雾时的60％。

5.2.4.3.3 葱斑潜蝇

在成虫发生初盛期和幼虫潜叶为害盛期，用 1.8%阿维菌素乳油 2000 倍～3000 倍液，喷雾防治，每 7d～10d 喷 1 次，连续防治 2 次～3 次。

6 采收

6.1 收获时期

收获的适宜时期是：2/3 以上的植株，假茎松软，地上部倒伏，下部 1 片～2 片叶枯黄，第 3 片～4 片叶尚带绿色，鳞茎外层鳞片变干。

6.2 收获方法

选晴天采收。收获时连根拔起，整株放在栽培畦原地晾晒 2d～3d，用叶片盖住葱头，待葱头表皮干燥，茎叶柔软时编辫，于通风良好的防雨棚内挂藏；或于假茎基部 1.5cm 左右处剪除地上部假茎，在阴凉避雨通风处堆藏。在收获和贮藏过程中要避免损伤葱头。

7 生产档案

7.1 应建立生产技术档案。

7.2 应记录产地环境、生产技术、病虫害防治、采收等相关内容。

参考文献

[1] 安志信,等.洋葱栽培技术(修订版)[M].北京:金盾出版社,2007.

[2] 程玉琴,等.葱洋葱无公害高效栽培[M].北京:金盾出版社,2003.

[3] 刘海河,张彦萍.洋葱优质高产栽培技术[M].北京:中国农业出版社,2004.

[4] 王善广.蒜薹 蒜头及洋葱贮运保鲜实用技术[M].北京:中国农业科学技术出版社,2004.

[5] 张彦萍.无公害葱蒜类蔬菜标准化生产[M].北京:中国农业出版社,2006.

[6] 李成佐,夏明忠.洋葱栽培与育种[M].成都:电子科技大学出版社,2005.

[7] 李成佐,张荣萍.洋葱·韭黄栽培技术一点通[M].成都:四川科技出版社,2009.

[8] 苏保乐.葱姜蒜出口标准与生产技术[M].北京:金盾出版社,2002.

[9] 刘海河,张彦萍.洋葱安全优质高效栽培技术[M].北京:化学工业出版社,2012.